哲学家寄语青少年

现代思维方式

孙正聿　著

吉林人民出版社

图书在版编目(CIP)数据

现代思维方式 / 孙正聿著. -- 长春 : 吉林人民出
版社, 2012.4
(哲学家寄语青少年)
ISBN 978-7-206-08534-5

Ⅰ. ①现… Ⅱ. ①孙… Ⅲ. ①思维形式 – 青年读物②
思维形式 – 少年读物 Ⅳ. ①B804-49

中国版本图书馆 CIP 数据核字(2012)第 048269 号

现代思维方式
XIANDAI SIWEI FANGSHI

编　　著:孙正聿
责任编辑:张　娜　　　　　　　封面设计:七　洱
吉林人民出版社出版 发行(长春市人民大街7548号　邮政编码:130022)
印　　刷:鸿鹄(唐山)印务有限公司
开　　本:670mm×950mm　　　1/16
印　　张:10　　　　　　字　数:70千字
标准书号:ISBN 978-7-206-08534-5
版　　次:2012年7月第1版　　印　　次:2023年6月第3次印刷
定　　价:35.00元

如发现印装质量问题,影响阅读,请与出版社联系调换。

目　　录

熟知非真知：求真意识

人们只是在知识很少的时候才有准确的知识。

歌　德

1. 超越"常识"

说到"常识"，每个正常的普通人都会想到那些简洁、明快的自然常识，那些凝重、睿智的政治常识，那些格言、警句式的生活常识。

确实，有谁能够离开常识而正常地生活呢？反之，如果说某人"缺乏常识"，岂不等于说这个人"不正常"吗？

常识，就是那些普通、平常但又经常、持久起作用的知识，就是每个正常的普通人都具有的知识。

在常识中，人们的经验世界得到最广泛的相互理解，人们的思想感情得到最普遍的相互沟通，人们的行为方式得到最直接的相互协调，人们的内心世界也得到最便捷的自我认同。常识，它是人类把握世界与自我的最具普遍性的基本方式，它对人类的存在具有重要的生存价值。

世界上的任何一个民族，都在世世代代的经验中积淀了不可胜数的方方面面的常识。世界上的任何一个正常的普通人，都在历史的延续与生活的经验中分享着常识，体验着常识，运用着常识。没有常识的生活是无法设想的。

然而，常识又是必须"超越"的。所谓"现代教养"，首先就是对常识的世界图景、思维方式、价值观念、审美意识和生活态度的超越。

我们首先来看常识的世界图景。

人们常说，世界是在人的意识之外的客观存在，世界的存在不以人的意志为转移。这当然是对的。人们还常说，人的头脑能够反映客观存在的世界，世界是可以被认识的。这当然也是对的。可是，我们还应该进一步追问：人类关于世界的图景是永恒不变的，还是历史性变幻的？如果世界图景是不变的，为什么说人类的认识是发展的？如果世界图景是变幻的，这种变幻的根据又是什么？

让我们举出一个人所共知的实例。我们面对着同一个世界，为什么既会有"太阳围绕地球旋转"的"地心说"，又会有"地球围绕太阳旋转"的"日心说"？我们所"看"到的地球与太阳，究竟是谁围绕着谁旋转？我们所"思"

的地球与太阳，又是谁围绕着谁旋转？相信"看"的人，恐怕无法否认"太阳围绕地球旋转"，因为他每天都"看"到太阳从地球的东方升起，又从地球的西方落下。相信"思"的人，则只能认为"地球围绕太阳旋转"，因为他"知道"这是科学所提供的、并经过实践检验的真理。

"地心说"与"日心说"是两个根本不同的"世界图景"。前者符合于人类的"共同经验"——有谁看不到太阳的东升与西落呢？后者则超越于人类的"共同经验"——有谁能在地球上看到它围绕太阳旋转呢？那么，我们到底应该"相信"哪个"世界图景"呢？

毫无疑问，人们会不假思索地脱口而出："相信日心说"。然而，如果认真地思考一下就会发现：我们的这种回答已经"超越"了常识。由"日心说"所构成的世界图景已经"超越"了常识的世界图景。

常识直接来源于经验，又直接适用于经验。对经验的依附性，是常识的本质特征。人们通过经验的"历时态"遗传与"同时态"共享来获得常识、运用常识和丰富常识，却无法在常识中超越经验去描述世界和解释世界。常识的世界图景，就是以"共同经验"或"经验的普遍性"为内容的世界图景。由于在经验观察中，人们所形成的

"共同经验"只能是"太阳围绕地球旋转",因此常识的世界图景也只能是所谓"地心说"的世界图景。

那么,究竟是什么改变了"太阳围绕地球旋转"的常识世界图景?这就是科学。

科学是关于普遍性、必然性、规律性的知识。它来源于经验,但并不是依附于经验,而是超越于经验。科学的世界图景不是以直接的"共同经验"为内容的世界图景,而是以科学概念、科学原理,以及科学模型等为内容所构成的世界图景。它是一种概念化的、逻辑化的、精确化的和系统化的世界图景。它具有内容的规律性、解释的普遍性、描述的可检验性及理论的可预见性等特征。

科学及其所建构的世界图景,主要的不是诉诸人的感性直观,而是诉诸人的理性思维。人是通过理性思维和科学知识去接受和理解科学的世界图景。列宁曾经非常生动地举例说,人的感觉无法描述每秒30万公里的运动,而人的思维却能把握它。确实,有谁能用感觉去描述光的运动?可是,凡是学过光学的人,又有谁不知道光速?美国当代科学哲学家瓦托夫斯基也举例说,在常识的世界图景中,我们既无法想象也无法表达某物在同一时间内存在于两个地方;然而量子物理学却要设想和描述基本粒子不"经过"中介空间而从一地方到达另一个地方，不要一条路径而在不同时间突然出现在不同的地方。

科学改变了常识的世界图景，为我们提供了超越经验的科学世界图景。不仅如此，科学的最重要的特性，又在于它具有自我批判和自我发展的创造的特性。在科学的发展过程中，科学的世界图景总是处于历史性的变革之中。特别是每一次划时代的科学发现，都为人类提供了崭新的世界图景。现代的交叉科学、边缘科学、综合科学、横向科学，特别是"系统论""控制论""信息论"，以及"耗散结构理论""突变论""协同学"等，已经深刻地变革了人类的世界图景。现代科学的世界图景，是经验常识根本无法想象的。

由此我们可以看到，所谓"现代教养"，首先需要学习科学知识，形成现代科学的世界图景。这就必须"超越"经验常识的狭隘视界。现代德国哲学家卡西尔有一部名著《人论》。在这部著作中，卡西尔提出："人总是倾向于把他生活的小圈子看成是世界的中心，并且把他的特殊的个人生活作为宇宙的标准。但是，人必须放弃这种虚幻的托词，放弃这种小心眼儿的、乡下佬式的思考方式和判断方式。"① 超越常识的科学世界图景，为我们展现了具有无穷奥秘的世界，也为我们拓展了无限广阔的思维空间。以现代科学变革我们的世界图景，并从而形成良好的科学素质，是现代教养的重要内容。

我们再来看常识的思维方式。

常识的思维方式，是形成于人们的日常生活，又适用于人们的日常生活的思维方式。常识思维方式的突出特征，在于它是一种"两极对立"的思维方式。

人们的日常生活，是一种依据和遵循"共同经验"的生活。在日常生活中，人作为经验的主体，以经验常识去看待事物和处理问题；各种事物作为经验的客体，以既定的存在构成人的经验对象。在这种日常生活的主—客体关系中，人是既定的经验主体，事物是既定的经验客体，主体的经验与经验的客体，具有确定的、一一对应的经验关系。白的就是白的，黑的就是黑的，男人就是男人，女人就是女人，太阳就是太阳，月亮就是月亮，一清二楚，泾渭分明。因此，日常生活要求人们的思维保持对"有"与"无""真"与"假""是"与"非""善"与"恶""美"与"丑"的非此即彼的断定。任何超越非此即彼的断定，

---

① 恩斯特·卡西尔：《人论》，上海译文出版社 1985 年版，第 20 页。

都是对常识思维方式的挑战，也就是对日常生活经验的挑战。"两极对立""非此即彼"，这就是常识的思维方式。

恩格斯曾经指出，所谓"形而上学"的思维方式，就是"在绝对不相容的对立中思维"；恩格斯还具体地指出："是就是，不是就不是；除此之外，都是鬼话"，这就是形而上学的"思维方式"。那么，为什么这种"形而上学"的"思维方式"会在人类思维中占据牢固的地位？恩格斯非常明确地回答："初看起来，这种思维方式对我们来说似乎是极为可信的，因为它是合乎所谓常识的。"①

常识的思维方式形成于并适用于"日常活动范围"。一旦人的思维超出"日常活动范围"，进入非日常生活的"广阔的研究领域"，就会发生恩格斯所说的"最惊人的变故"——必须改变两极对立、非此即彼的常识思维方式。

在现代社会生活中，首先是迅猛发展的科学技术超出了"日常活动范围"，进入了非日常生活的"广阔的研究领域"，从而深刻地改变了常识的思维方式。在许多人所熟悉的《现代科学技术基础知识》一书中，曾这样描述当代科学技术发展所形成的思维方式的特点："从绝对走向相

---

① 参见《马克思恩格斯选集》第3卷，人民出版社1995年版，第360页。

对，从单义性走向多义性，从精确走向模糊，从因果性走向偶然性，从确定走向不确定，从可逆性走向不可逆性，从分析方法走向系统方法，从定域论走向场论，从时空分离走向时空统一。"①

科学的发展史是人类理论思维的进步史。科学概念的形成和确定、拓展和深化、变革和更新，不仅为人类提供"认识和掌握自然现象之网的网上纽结"，而且为人类提供不断增加的、不断深化的认识成分和思维方法。从人类理论思维的总体进程上看，首先是从对世界的宏观整体反映进入到对事物分门别类地考察，从对世界的笼统直观进入到对事物各种属性分解的研究，从对世界现象形态的经验描述进入到对事物内在本质和运动规律的寻求；其后又从对事物的孤立研究进入到对事物相互联系的揭示，从对事物的静态考察进入到对事物的动态分析，从对事物的个别联系和局部过程的描述进入到对事物的普遍联系和全面发展的研究；现代则从对事物的普遍联系和全面发展的宏观把握进入到对事物联系与发展的内在机制的研究，从对事物的线性因果联系的认识进入到对事物的统计的、概率的理解，从对人类社会与自

---

① 宋健主编：《现代科学技术基础知识》，科学出版社 1994 年版，第 48 页。

然界的断裂研究进入到对人与自然的内在统一的探索。宏观与微观、决定与非决定、线性与非线性、精确与模糊、绝对与相对。这些认识成分的对立统一，在现代人类的认识系统中占有支配的地位。人们已经越来越深刻地懂得，我们用来构成世界图景的认识系统，是一个由众多相互联系和相互作用的认识成分按照一定的层次结构组成的、不断扩展和深化的有机整体。因此，现代人类的世界图景是一个具有多序列、多结构、多层次、相互交叉、相互渗透、相互转化的纵横交错而又生生不息的网络系统。这正如有的学者所指出的，现代科学"已把人类的思想训练到能够理解以前几世纪中有教养的人所不能理解的逻辑关系"。超越常识的思维方式，这是形成现代教养的重要前提，也是构成现代教养的重要内容。

现在，我们来看常识的价值观念、审美意识和生活态度。

常识，它作为人类"共同经验"的积淀，不仅具有描述和解释世界的功能——构成人的思维方式和世界图景，而且具有约束和规范人的思想与行为的功能——构成人的价值观念、审美意识和生活态度。

常识的规范功能，具体地表现在，它规范人们想什么和不想什么、怎么想和不怎么想、做什么和不做什么、怎么做和不怎么做。它既是人们的思想与行为的根据，又是人们的思想与行为的限度。常识对人的思想与行为具有"规定"（想什么和做什么）与"否定"（不想什么和不做什么）的双重规范作用。

常识作为人们的思想与行为的规范，是人类世世代代积累起来的、适应人类生存的自然环境、社会环境以及一般文化环境的产物。它在最实际的水平上和最广泛的日常生活中发挥其对人类维持自身存在的生活价值。不仅如此，常识还以其独特的"隐喻"形式而拓展和延伸其适用范围和使用价值，从而使常识以"文化传统"的形式得以世代延续，由此构成人类的、民族的，以及个体的具有普遍性的价值观念、审美意识和生活态度。

常识的规范作用，正如常识的思维方式和世界图景，同样是以经验的普遍性为内容的。人的所思所想、所作所为，直接受到常识的思维方式和世界图景的制约，任何超越"共同经验"的思想与行为，都是对常识规范的亵渎与挑战，都会被视为"离经叛道"和"胡作非为"。常识的经验性质决定了常识规范的狭隘与保守性。

在常识的两极对立、非此即彼的思维方式的制约下，常识的价值判断也具有两极性特征。是非，善恶，好坏，荣辱，祸福，君子小人，渺小崇高，被常识的经验标准泾渭分明地断定为非此即彼的存在。在人们的生活态度和行为方式中，总是采取"要么……要么……"的价值取向：要么搞理想主义，要么搞功利主义；要么搞集体主义，要么搞利己主义；要么讲无私奉献，要么讲赚钱发财；要么讲"莺歌燕舞"，要么讲"糟糕透顶"；要么"整齐划一"，要么"怎么都行"如此等等，不一而足。常识的价值观念和生活态度缺少辩证智慧的"张力"。简单化与绝对化是常识规范的显著特征。

常识的价值观念、审美意识和生活态度是需要"超越"的。这种超越，主要地是以科学和哲学去变革常识。

与常识不同，科学的价值观念不是经验性的，而是理性化的。科学是以系统化的知识体系和逻辑化的思维方式去规范人们的所思所想、所作所为。实证精神和分析态度是科学价值规范的实质。它不仅着眼于经验的普遍性，更着重于对经验的理性思考。它不仅着眼于"定性"式的论断，更着重于形成论断的"定量"化的分析。这就是科学价值规范对常识价值规范的简单性和绝对化的超越。

在科学的发展过程中，科学的思维方式及其所建构的世界图景，总是处于生生不已的历史性转换之中，从而不断地变革和更新了人对自己和世界及其关系的理解，即变革和更新了人们的世界观。世界图景和思维方式的更新，必然引起价值标准的更新。由于价值标准是人们的价值判断、价值取向和生活态度的根据，随着价值标准的更新，整个的价值系统就会发生历史性转换。这又是科学价值规范对常识价值规范的狭隘性和保守性的超越。

与科学价值规范相比，哲学的价值规范具有显著的"反思"与"批判"的特性。哲学不是直接地提出和给予某种价值规范，而是把常识的和科学的价值规范作为"反思"的对象，"批判性"地揭示这些价值规范所隐含的根据、标准和尺度，从而启发人们以批判的态度去对待自己所遵从的价值规范。

科学的价值态度，是以理想化的"应然性"和历史的"大尺度"去"反思"常识和科学的价值规范，使人们的思想与行为在理想与现实、历史的"大尺度"与"小尺度"之间保持"必要的张力"。哲学层面的价值观，是一种辩证的"大智慧"。在现代社会生活中，它寻求科学精神与人文精神、科学理性与价值理性、功利主义与理想主义的辩证统一，引导人们自觉地超越绝对主义的或相对主义的价值态度，重新确立"崇高"在价值坐标上的位置。

科学和哲学是对常识的"超越"，而不是常识的"延伸"和"变形"。人们所"熟知"的常识的世界图景、思维方式、价值观念、审美意识和生活态度，在科学和哲学中遭到了恩格斯所说的"最惊人的变故"。用科学和哲学去"反思"常识的过程，就是在"熟知"中求得"真知"的过程，也就是人的素质的提高过程，即"人的现代化"的过程。

2. "名称"不是"概念"

每个正常的普通人，头脑里都装着数不胜数的"名词"；每当我们"想到"或"看到"某种东西，就可以不假思索地说"这是什么""那是什么"。"名词"使"事物"变成我们头脑中的"观念"。如果没有这些"名词"，人同世界的关系是无法想象的。无怪乎有的哲人说"语言是世界的寓所""语言是存在的家""语言是人的存在方式"。

"语言"这东西可真像个天才的魔术师，总是花样翻新，变幻无穷，使人眼花缭乱，目不暇接。远的不说，就说近二三十年吧，不用说"尼龙""热狗""电脑""卡通”人人脱口而出，“系统”“信息”“基因”“反馈”个个随口就来，“比基尼”“麦当劳”“皮尔·卡丹”“卡拉OK”无人不晓，就连“MTV”“MBA”“GNP”“STS”这些缩写的“洋文”，似乎也无须翻译和解释了。人类可真是进入了“信息时代”，整个世界都“符号化”了。

然而，在这个“符号化”了的世界，语言却往往变成了纯粹的“符号”，使用语言也变成了所谓“无底棋盘上的游戏”。似乎只要所使用的语言“髦得合时”，使用这些语言的人便追赶上了潮流，也就“现代化”了。哲学家维特根斯坦认为，人们的话语方式，也就是他们的思维方式和行为文化。那么，这种追赶时尚的话语方式，究竟表现着怎样的思维方式和行为方式？

先说最为时髦的“洋文”吧。目前，除了有限的日常用语和若干个洋文缩写，真正懂“洋文”的中国人，恐怕还是为数不多，然而，不仅“哈喽”“拜拜”之声不绝于耳，甚至某些男男女女的“外包装”上也印满了洋文。记得是在 20 世纪 80 年代中期，华君武先生有一幅漫画，题目叫作《懂洋文的与不懂洋文的》，画面上，一位时髦女郎身着一件“摩登”服，令人瞠目地写着“Kiss me”（请吻我）。于是，一位戴眼镜的男子便凑上

来 "kiss"，却被请人 "kiss" 的女郎打了一记耳光。看来，这位 "不懂洋文" 的小姐，服装的现代化与语言的现代化尚未 "同步"；那位 "懂洋文" 的先生，语言与行为的现代化也陷入了 "误区"。

放开满街的 "洋文" 不说，还是说说除了文盲都认识的 "中文" 吧。这里的 "名称" 与 "概念" 之间，似乎也总是 "不到位"。

语言是历史文化的 "水库"。这就是说，语言不仅仅是指称对象的 "名称"，而且在这种指称中蕴含着 "文化"。进一步说，正是由于语言蕴含着文化，所以语言才具有概念的内容，而不是单纯的名称。无论是科学语言还是艺术语言，无论是常识语言还是哲学语言，都是历史文化的 "水库"，都具有深厚的文化内涵。

举一个最简单的例子。比如，我们在用 "笔" 写字。对于我们拿在手里用来写字的 "这个东西"，任何一个正常的普通的人都会说："这是一支笔"。然而，"笔" 这个词仅仅是指称 "这个东西"（或 "这类东西"）的一个 "名称" 吗？我们为什么会把 "这个东西" 称之为 "笔"？当我们把手中的 "这个东西" 称为 "笔" 的时候，这究竟意味着什么？我们为什么能够判断这支 "笔"

与其他事物的区别？我们为什么能够断定这支"笔"的真与假、好与坏、美与丑？我们为什么会爱护这支"笔"而不是毁坏它？我们为什么能够创造出比我们正在使用的"笔"更高级的"笔"？

如果认真地想一想，我们就会悟出许多道理。其一，我们把手中的"这个东西"称作"笔"，既构成了"笔"的存在与关于"笔"的观念之间的关系，也构成了"我们"与"笔"之间的主体与客体的关系。而作为"主体"存在的"我们"，并不是以"白板"的头脑去反映对象，而是以我们已有的知识去把握对象。因此，我们在什么程度、什么水平上把握到对象的存在，取决于我们已有的"知识"。要想使"名称"具有"概念"内容，作为"主体"的我们就必须具有相应的知识。其二，我们把手中的"这个东西"称作"笔"，并不只是一个简单的事实判断（"这是一支笔"），而且是一个融事实判断、价值判断和审美判断为一体的综合判断。因为，当我们说"这是一支笔"的时候，在我们的观念中已经形成了它是不是"笔"的真与假的断定，它对我们是否有用，以及有何用途的价值判断，以及它使我愉悦还是令我讨厌的审美判断。由此我们可以看到，在对"笔"的概念式的把握中，已经包含了真与假、好与坏、美与丑的丰富的文化内涵。其三，我们把手中的"这个东西"称作"笔"，意味着我们已经具有关于"笔"的观念。如果我们根本没有"笔"的观念，又如何能把手中的"这个东西"称作"笔"？笔的存在是不以人的观念为转移的，但是，人能否把存在着的"这个东西"把握为"笔"，却必须以人是否具有"笔"的观念为前提。这表明，人是历史文化的存在，人用语言去指称对象，实质上是以历史文化去把握对象。离开历史文化，对象虽然存在着，但对认识的主体来说，却是黑格尔所说的"有之非有""存在着的无"。其四，我们把手中的"这个东西"称作"笔"，并不意味着我们只是把"这个东西"认定为"笔"，恰恰相反，我们是把"这类东西"都认定为"笔"。这表明了任何概念都是个别与一般的对立统一。更重要的是，人们不仅能以概念的普遍性去把握"类"的存在，而且能够概念式地分析"笔"的形式、质料、属性和功能等等，从而以丰富的联想和想象去观念的创造出更为高级的"笔"。对事物的概念式把握，蕴含着人的目的性要求，因而也蕴含着人类改造世界的创造性。

当然，仅仅以"笔"为例来谈论语言的文化内涵，似乎有些小题大做，甚至会有故弄玄虚之嫌。然而，如果我们把对"笔"的概念分析拓展为对"科学""艺术""伦理""宗教"的分析，拓展为对"真理""价值""认识""实践"的分析，拓展为对"本质""规律""必然""自由"的分析，拓展为对各种各样的科学概念或艺术概念的分析，我们就会更为深切地领会到语言的文化内涵。

比如，我们常常以一种毋庸置疑的口吻说，"规律是看不见的，但又是可以被认识的"。那么，为什么"看不见"的"规律"却可以"被认识"呢？"规律"到底是一种什么样的存在？人们究竟如何认识规律？规律性的认识如何被证明？

再如，人们常常以一种不容争辩的态度说，"艺术是一种创造"。那么，艺术究竟"创造"了什么？"画家们创造不出油彩和画布，音乐家创造不出震颤的音乐结构，诗人创造不出词语，舞蹈家创造不出身体和身体的动态。"既然如此，为什么把艺术称之为"创造"？同样，当人们说"科学发现"的时候，我们同样可以追问：科学究竟"发现"了什么？如果说科学"发现"了"规律"，那么，客观存在的规律为什么不是人人都能"发现"？科学家凭借什么"发现"规律？

又如，人们常常以"真、善、美"与"假、恶、丑"来评价人的思想与行为。那么，究竟什么是"真、善、美"与"假、恶、丑?"区分"真、善、美"与"假、恶、丑"的标准是什么？这种区分的标准是绝对的还是相对的，永恒的还是历史的，客观的还是主观的？真与善、真与美、善与美到底是何关系？人们常说，狼是凶残的，因为狼吃羊。然而，当我们"涮羊肉片""剁羊肉馅""吃羊肉串"的时候，为何不说人是凶残的？同样是"吃羊"，为何会做出截然相反的判断？

"孰知"并非一定"真知"，"名称"并非就是"概念"，恰恰相反，"熟知"中往往隐含着"无知"，"名称"常常失落了"概念"。所谓"求真意识"，最重要的就是意识到"熟知"所隐含的"无知"，由挂在嘴边的"名称"去追究它的"概念"的文化内涵。

3. 读书三境界

由"熟知"变为"真知"，由"名称"变为"概念"。就个人来说，就是"文化"的过程，也就是"历史文化占有个人"与"个人创造历史文化"的辩证融合过程。

我国大学者王国维在其名著《人间词话》中，有一段家喻户晓的议论。这段议论，借用三段语句，说明"古今之成大事业大学问者，必经过三种之境界"。其实，这三种境界，也就是由"熟知"而"真知"、由"名称"而"概念"的过程。

王国维所说的第一种境界是"昨夜西风凋碧树，独上高楼，望尽天涯路"。这指的是登高望远，博览群书，以获得丰富的知识。知识是语言的内容，知识使名称获得内涵。由"熟知"而"真知"的过程，就是以知识为中介而实现的从无知到有知的过程。一个人的教养程度，首先是取决于他的知识的"水库"的广度与深度。培根说，"读书使人充实，讨论使人机智，写作使人严谨。"多读、多想、多写，这总是提高人的教养程度的基本途径。

如果说登高望远，博览群书的第一境界是对知识的热爱，是在文化"水库"中的随意畅游；那么，"衣带渐宽终不悔，为伊消得人憔悴"的第二境界，则是对知识的迷恋，是在文化"水库"中的寻珍探宝。中国古语说，

"书山有路勤为径，学海无涯苦作舟。"这确实是获得知识的不二法门。如果不像思恋情人那样去思恋知识，不像拥抱新娘那样去拥抱文化，知识和文化又怎能变为人的教养呢？

也许，热爱知识和迷恋知识的这两个境界，对于所有人来说都是"可望"而又"可及"的。然而，"众里寻他千百度，蓦然回首，那人却在灯火阑珊处"的第三境界，却未必是人人都"可及"的。

真知与熟知的区别，在于"熟知"是在"灯火灿烂处"，人人可见，信手拈来；"真知"则在"灯火阑珊处"，视而不见，寻之难得。即使"独上高楼""衣带渐宽""寻他千百度"，也很难看得见，寻得到。因而才有"蓦然回首"，在"上下求索"的艰苦的精神历程中达到豁然开朗。莱辛说，"与其记住两个真理，不如自己弄懂半个真理"。记住的"两个真理"，是"学"来的，因此，"终觉浅"；弄懂的"半个真理"，是在"灯火阑珊处"自己"寻"来的，这才是受用终生的"真知"。

读书的第三境界是很难达到的。其中的一个重要原因是在于，"熟知"与"真知"的区别，并不仅仅在于是否"真正知道"。

通常，我们总是把"真知"视为"知道"事物的"本质"或"规律"，视为不仅"知其然"，而且"知其所以然"。但是，让我们试想一下，中学生学习了"社会发展史"，也就"知道"了人类历史的"规律"；学习了"政治经济学"，也就"知道"了资本家剥削的"秘密"；学习了"哲学"，也就"知道"了对立统一、质量互变、否定之否定的"规律"；然而，他们是否因此就获得了关于世界、历史和人生的"真知"？

这使我们想起了宋代词人辛弃疾的脍炙人口的《采桑子》（亦称《丑奴儿》）：

少年不识愁滋味，爱上层楼。爱上层楼，为赋新词强说愁。

而今识尽愁滋味，欲说还休。欲说还休，却道"天凉好个秋"！

确实，在天真烂漫的少年时代，我们说"爱"，却不懂爱之真谛；我们写"恨"，却不知恨从何来；我们讲"烦"，却不知究竟烦什么；我们谈"愁"，却愁得笑逐颜开。这可不真是乱侃"爱"和"恨"，强说"烦"与

"愁"！即使是读了多少爱与恨的书，懂了多少烦与愁的理，这爱、恨、烦、愁，恐怕也算不得"真知"吧？

再说眼下，"爱"和"愁"就像是一对孪生姐妹，成了流行歌曲的双重主题。"我深深地、深深地爱着你"；"爱你有多深，就是苍天捉弄我几分"；"让我一次爱个够"，"天变地变情不变"，"一世情缘"，"一生守候"；一直唱到"阳光之中找不到我，欢乐笑声也不属于我，从此我只有独自在黄昏里度过，永远没有黎明的我"。然而，一个尚未谈过恋爱、当然也从未失恋过的少男少女，即使把这"爱"和"愁"唱得天昏地暗，唱得痛不欲生，又如何能有"爱"与"愁"的"真知"呢？

生活中的"真知"，需要体验"真知"的生活；没有"真知"的生活体验，不会获得生活中的"真知"。有人说，"大学生总是在最深刻的东西中挑选到最浅薄的东西，因为他们的手上还没有长满生活的老茧"。这话的前半句也许是"务为尖刻"，有失偏激；这话的后半句，却不能不说是一语中的、入木三分。

撇开生活中的"真知"，再说科学、哲学和文学中的"真知"。

比如，我们学了数学、物理、化学，记住了许许多多的概念、公式、公理、定义，并能够熟练地运用这些"规律"性的知识去做许许多多的题，我们就获得了科学的"真知"吗？我们就尝到了科学家形成这些"真知"的艰辛与幸福吗？我们就懂得了这些"真知"与"非真知"的区别吗？在学习中，我们都有这样的体会：获得"真知"，总是在掌握了更高深的知识之后。真正懂得欧氏几何，是在掌握非欧几何之后；真正懂得经典物理学，是在掌握非经典物理学之后；真正掌握线性代数，是在掌握非线性代数之后；真正懂得普通逻辑，是在掌握辩证逻辑和数理逻辑之后；真正懂得古典经济学，是在掌握马克思的经济学之后。马克思说，人体解剖是猴体解剖的钥匙。这的确是至理名言。

再比如，我们学到了许多的哲学范畴和规律，知道了许多的对立统一关系，我们是否因此就懂得了哲学呢？哲学家黑格尔做过一个比喻，他说，许多人学哲学，就好比是动物在听音乐，它听到了各种音符，可就是没有听到"音乐"。这个比喻也许又是过于尖刻了。然而，认真地"反思"一下，也许我们又会觉得这个比喻还是蛮深刻的。确实，我们记住了许多哲学名词，诸如物质、意识、实践、认识、规律、范畴、肯定、否定、道德、伦理等，我们是否因此就形成了哲学的"爱智之忱"和"辩证智慧"呢？我们是否因此就形成了哲学的"思维方式"和"生活态度"呢？我们是否因此就形成了"向前提挑战"和"对假设质疑"的能力呢？哲学是一种教养。反思、体悟、品味、涵养，这才是形成哲学教养的"不二法门"。

又比如，我们读了许多古今中外的文学作品，学了许多古往今来的文学理论，我们是否因此就懂得了文学呢？作家张炜说："读书读得太花不是博览。那样只是'薄览'。对一个作家，特别是大作家，不深入进去，只是翻翻看看，看一篇一部就算懂了，议论横生，这绝对不好。""文学对于男性和女性，都是一次极大的考验和陶醉，都必须用生命的全部去拥抱。它能耗尽你的一切：才华、青春、激情。它绝不是绣花之类的软手工，不是细小的针线活儿。它需要你付出，而且不是一般的金币，而是生命之汁：一滴一滴地付出。"

自为的存在：理论意识

一个民族要想站在科学的最高峰，就一刻也不能没有理论思维。

恩格斯

1."科学"与"理论"

崇尚"科学"，这是当今最为强劲的时代潮流；漠视"理论"，也是时下不容回避的社会心理。这实在是一种奇怪的现象：人们不是经常把这两个名词合在一起称作"科学理论"吗？

然而，这却是"现实"。

试举一例，当今的高中毕业生报考大学，"应用学科"炙手可热，金融财政，经济法律，理财营销，会计外贸，软件硬件，生物工程，真是趋之若鹜；"基础理论"门庭冷落，不必说文史哲、数理化，就是炙手可热的经济、法律中的政治经济学、法理学，也由于"理论性太强"而鲜有"第一志愿"者。

这似乎并不是随意抽取的一个"例子"，而是比较真实地展现了时下的普遍的"社会心理"。《光明日报》头版头条刊登了《子女教育与家长心思——'95 北京调查》一文（见 1996 年 1 月 19 日《光明日报》）。文章说，"1995 年 12 月完成的一项调查结果表明，子女教育已成为老百姓最为关注的问题，子女的教育与辅助养成服务也成为最能调动家长消费投入的领域。"毫无疑问，老百姓最为"关注"的问题和最肯"投入"的领域，当然也就最能表现人们的普遍的社会心理了。

那么，人们"关注"和"投入"子女教育的期待是什么呢？文章说，"调查发现，家长群体评价高的几种职业是：科学研究人员、大学教师、医生、军人、中小学教师。评价低的职业有：个体户、集体企业职工、国有企业职工、机关职员等。"然而，"一些职业评价很高，如中小学教师，可很少有人希望自己的孩子去从事。而企业家尽管公众评价不高，却被公众列在了第 4 位"。文章的结尾是这样写的："研究人员认为，单纯的评价仅仅反映了职业的社会声望，即人们对此职业的尊重程度，而公众希望子女从事的职业则不仅仅反映了社会声望，更和这些职业的经济收入等有关。”

确实，“尊重程度”与“经济收入”不是一回事。前者带有“务虚”的意味，后者则毫不含糊地“务实”了。对此，似乎也无可非议。然而，由此而把“科学”视为“务实”、把“理论”视为“务虚”，并进而由尊崇“科学”而漠视“理论”，却不能不说是认识上的双重“误区”，即对“科学”和“理论”的双重误解。

“科学”不同于“技术”，更不同于“技能”。期间的重要区别，就在于“科学”是关于自然、社会和思维的“理论”，并由此区分为自然科学、社会科学和思维科学等等。科学是由概念、范畴、命题，以及定义、公式、公理等等组成的逻辑化的理论体系，其首要功能是对研究对象作出普遍性的和规律性的理论解释。在这个意义上，科学也是“务虚”的（理论地解释世界），而不是“务实”的（即不是操作性的技术或技能）。

那么，为什么人们会把“科学”与“理论”区别开来甚至对立起来，认为科学是“务实”的而理论是“务虚”的？这里面有两个重要原因：其一，把科学区分为“基础学科”与“应用学科”，并把前者视为“理论”，而把后者视为“科学”。现代德国哲学家、解释学大师伽达默尔的一段议论，或许可以清楚地说明这个问题。他说："自我们世纪以来，一个高度工业化的经济体系已逐渐地从与目标紧密相连的大规模的研究中建立起来。科学研究的纯理论兴趣在某种程度上已陷入不得不保卫自己的地步。人们从把这种纯理论的科学研究命名为基础研究的做法中看到了这一点。基础研究对于所有的科学进步和技术进步都是不可或缺的。因此，在 20 世纪这个充斥新的社会功利主义的时代，出于纯理论的兴趣而保存了一个小小的自由王国。但是实用主义的普遍观点却未受到限制。于是，对理论的损害就变成了对实践的赞美，而理论则必须在实践的法庭上为自己辩护。"① 这大概就是"数理化"乃至"天地生"等"基础研究"被视为"理论"并被漠视的原因。其二，把科学区分为"自然科学"与"人文科学"，并把前者视为"科学"，而把后者视为"理论"。对此，当代美国哲学家瓦托夫斯基的议论，或许可以切中要害地说明这个问题。他说，根据自然科学的研究对象的自在性、研究手段的实验性、研究程序的精密性以及研究结果的定量性、可证性和客观一致性等，而把自然科学和人文科学区分为"硬"科学

———————————
① 伽达默尔：《赞美理论》，上海三联书店 1988 年版，第 34 页。

和"软"科学、"精密"科学和"非精密"科学、"定量"科学和"定性"科学，"通常是为了贬低'软''非精密'和'定性'的科学。"① 这大概就是"文史哲"乃至"政治经济学"和"法理学"等被视为"理论"并遭受冷遇的原因。

由此我们可以看到，在人们关于"科学"与"理论"的理解中，实际上是作了两方面的区分：一是把"基础研究"作为"理论"而排除于心目中的"科学"，二是把"人文学科"作为"理论"而排除于心目中的"科学"。排除掉"理论"的"科学"是什么呢？那就只能是"应用""技术""技能"，也就是"实用"了。这同"科学"的本意不是相距甚远吗？我们又应该如何去理解"理论"呢？

2. 思想中的现实

理论被人们视为是"务虚"并因而被"漠视"，从根本上说，是因为人们认为理论与现实有"间距"并因而不解决切身的"实际"问题。然而，这却是对理论的根

---

① 参见瓦托夫斯基：《科学思想的概念基础》，求实出版社 1982 年版，第 525 页。

本性误解。

什么是理论？理论不是超然于世界之外的玄思和遐想，而是思想中所把握到的现实，即以概念的逻辑体系所表述的现实。理论中的现实，不是事物的个别存在和现象形态，不是事物的外部联系和偶然状态，而是事物的共性、本质、规律和必然。离开理论，人们就无法对事物作出普遍性、本质性和规律性的解释，就无法形成对世界的合规律性、合目的性的要求，就无法有效地改造世界以满足人类的需要。欧几里得的几何学理论，哥白尼的日心说理论，牛顿的经典力学理论，爱因斯坦的相对论理论，玻尔的量子力学理论，一切具有划时代意义的科学理论，它们对于人类生存与发展的巨大价值，几乎是尽人皆知的，也是无人质疑的。

即使是那些被人们视为"最抽象"的理论，也无不是思想中所把握到的现实。对于黑格尔的"思辨哲学"，马克思就曾深刻地指出，它是以最抽象的形式表达了最现实的人类生存状况："个人现在受抽象统治，而他们以前是互相依赖的。但是，抽象或观念，无非是那些统治个人的物质关系的理论表现。"① 这就是说，黑格尔的

① 《马克思恩格斯全集》第46卷（上），人民出版社1979年版，第111页。

"抽象"，既不是他个人的"偏爱"，也不是他个人的"编造"，而是根源于理论所表达的现实——现实被"抽象"所统治。就此而言，黑格尔的思辨哲学就不是远离了现实，恰恰相反，它是以"抽象"的理论而真实地表达了受"抽象"统治的现实。

理论同现实之间确实存在"间距"。然而，正是由于这种"间距"，理论才能"全面"地反映现实，"深层"地透视现实，"理性"地解释现实，"理想"地引导现实，"理智"地反观现实；正是由于这种"间距"，理论才能使人超越感觉的杂多性、表象的流变性、情感的狭隘性和意愿的主观性，把握到"看不见""摸不着"的普遍性、本质性、规律性和必然性，引导人类有效地认识世界和改造世界。

对此，人们还会提出疑问：理论对人类来说，也许是"实"的；但对个人来说，却还是"虚"的；因为个人没有理论照样生活，有了理论也不解决实际问题。这恐怕是人们漠视理论的更深层的根源。

理论并不仅仅是人类解释世界的概念系统，而且是规范人们的思想与行为的概念系统。具体地说，理论在观念上规范着人们想什么和不想什么、怎么想和不怎么想，即规范着人们的思想内容和思维方式；理论又在实践上规范着人们做什么和不做什么、怎么做和不怎么做，即规范着人们的行为内容和行为方式。就此而言，理论是理性的人类的存在方式，每个有理性的人的思想与行为无不受到理论的规范。

中国有句古话，叫作"君子坦荡荡，小人长戚戚"；外国有句名言，叫作"仆人眼中无英雄"。放开"君子"与"小人""仆人"与"英雄"的划分是否合适不说，我们在生活中总会看到，面对同样的人或事，面对同样的境遇或问题，总是有人"坦荡荡"，也总是有人"长戚戚"。也许有人会说，这是"性格"使然。其实不然，人是有理性的存在，总是自觉或不自觉地接受某种理论，正是这些理论构成了理性所思所想的根据和标准。

3. 观察渗透理论

生活中的每个人都需要理论意识，一个有教养的现代人更需要自觉的理论意识。这不仅是因为理论规范着人们的所思所想和所作所为，而且理论还直接规范着人们"看"到什么和"听"到什么，即规范着人们的最基本和最普遍的认识方式——观察。用现代术语说就是："观察负载理论""观察渗透理论""观察受理论的污染""没有中性的观察"。

平常,我们总是说要"一切从实际出发""实事求是""按照事物的本来面目去认识事物"。但是,人们却常常把这些根本性的要求简单化地理解为认真地"看"和仔细地"听",而很少思考理论对观察的规范作用,甚至把理论与观察对立起来。比如,人们常说"认识的内容是客观的,而认识的形式是主观的",似乎越是排斥认识形式的"主观性",才能越是坚持认识内容的"客观性",越是排斥理论的规范作用,才能越是坚持观察的正确性。

对此,我们首先要问:在人的意识中,究竟有没有纯粹的客观内容?我们的回答是:没有。这是因为,意识在任何时候都只能是"意识到了"的存在,观念的东西总是"移入人的头脑"并在人的头脑中"改造过了"的存在。"意识到了""改造过了",认识的内容就深深地打上了认识主体的印记,就牢牢地受到了认识形式的束缚。设想纯粹客观性的认识内容,就是幻想认识内容脱离认识形式而独立存在。

这里的关键问题在于。认识的内容(映像)并不是认识的客体(对象),而是移入人的头脑并在人的头脑中

"改造过了"的对象。认识的客体作为客观存在，在它未转化为人的认识内容之前，只能是一个未知的存在；认识的客体转化为认识的内容，它已经在观念上被认识的主体所改造，成为主体所理解的存在。这表明，认识内容（映像）的存在，必须具有缺一不可的两个条件：其一，映像是关于对象的映像，没有对象的存在就没有映像的存在；其二，映像是主体认识活动的产物，没有主体的认识活动也不可能形成关于对象的映像。所以人的观察及人的全部认识活动，是"对象——认识——映像"三项关系，而不是"对象——映像"二项关系。

由于"对象"变成"映像"必须以"认识"为中介，就造成了认识内容的无法逃避的矛盾性。客观事物是世界的本来面目，但它不经过人的认识活动，就构不成人的认识内容；认识内容是关于对象的映像，但由于它是人的认识活动的产物，它已经是在人的头脑中改造过了的东西。仅从认识的矛盾性上看，人类的认识就陷入了不可解脱的二律背反：人类要认识世界的"本来面目"，就必须"吾丧我"，即不是作为认识的主体而存在；人类丢掉了认识主体的地位，就与世界构不成认识关系，当然也就谈不到对世界的认识。

这个问题从反面启发了人们重新去思考认识的形式。所谓"认识形式是主观的",只能是指如下的两层含义:其一,认识形式是属于主体进行认识活动的形式;其二,主体在运用认识形式的过程中具有自主性。超出这两层含义,把认识形式看成是纯粹的主观性,那么,经过认识活动所形成的认识内容,也只能是主观性的存在。正是从这种新的理解出发,人们开始重新看待认识的内容与形式的关系,以及认识活动中的观察与理论的关系。

首先,我们应该看到,人的认识形式具有客观的物质基础。认识形式作为人类认识机能的表现形式,它具有先天性,是一种遗传性的获得。人脑是认识机能及其表现形式的物质承担者。大脑的结构和功能是物质自身长期进化过程的产物,它的运动规律受到物质运动一般规律的支配。大脑在自己的运动过程中,自己实现其特殊的功能——达到物质的自我认识。正是由于人的思维与外在的世界在本质上服从于同一规律,所以人的认识才能具有客观意义。这就是认识形式的自然基础。它构成了人类进行认识活动的不自觉的和无条件的前提。

其次,我们还应看到,人的认识形式具有客观的实践基础。人类本身,包括人的各种感觉器官及思维器官,都不仅仅是自然界长期发展的产物，而且是在其自然根基的基础上，历史地发展着的社会实践的产物。马克思说，人的五官感觉就是在以往的"全部世界历史"中形成和发展起来的。同样，"人的实践经过千百万次的重复，它在人的意识中以逻辑的格固定下来。这些格正是（而且只是）由于千百万次的重复才有着先入之见的巩固性和公理的性质"。

20世纪80年代以来，国内学术界开始重视和研究瑞士心理学家和哲学家皮亚杰的发生认识论。这个理论的重要成果，在于它以大量的观察材料和实验材料为基础，揭示了认识形式的实践基础。事实上，马克思主义哲学所特别强调的实践是认识的基础，也绝不仅仅是从客体方面说明实践提供认识的对象、认识的物质手段和检验认识的真理性标准，而且是从主体方面揭示出人类智力（包括认识形式）发展的现实根据。从总体上看，正是人类感性实践的逻辑不断地"内化"为思维运演的逻辑，思维本身才具有愈来愈扩展和深化的把握现实的力量。在实践活动中，一方面是主观付诸客观，主体改造了客体，主观目的取得了现实性；另一方面，则是客观改造了主观，主观形式获得了把握现实的客观意义。

最后，我们特别应当看到，观察当中所运用的理论和方法，并不是抽象的、凝固的，而是具体的、发展的。人类对于世界的认识，是在其前进的发展中所创造的全部科学共同实现的。科学既历史地扩展和深化了人类用以把握世界的"方法"，也历史地扩展和深化了人类用以把握世界的"理论"。正是科学的理论和方法使人的认识形式具有了客观意义，从而也使认识内容具有了客观意义。

就现代而言，我们不仅具有多层次的归纳和演绎、分析和综合、抽象和概括、假说和证明、公理和公设等逻辑方法，而且具有诸如系统方法、仿生方法、信息方法、数学模型法、概率统计法、功能模拟法、思想实验法等极其丰富多彩的认识方法。正是由于观察当中"渗透"着这些相互制约、相互贯通、具有一定层次结构而又变化不息的方法系统，我们才能形成现代的科学世界图景。

科学的发展还为人类观察世界提供了历史发展着的概念之网——理论。爱因斯坦说："物理学是从概念上掌握实在的一种努力。"海森堡也说，"物理学的历史不仅是一串实验发现和观测，再继之以它们的数学描述的序列，它也是一个概念的历史。"科学理论所编织的"概念之网"，构成了人类认识发展的"阶梯"和"支撑点"。如果我们不是像马克思所批评的那样，仅仅是从"客体的"或"直观的"形式去理解我们观察到的世界，而是像马克思所要求的那样，从人的"感性活动"或"实践的"方面去理解我们所观察到的世界，我们就会认识到"观察渗透理论"这个命题极为重大的现实意义：世界所呈现给我们的图景，与我们用以观察世界的理论是一致的；世界图景的更新与观察世界的理论的变革是一致的；现代人所具有的世界观与现代科学所提供的理论是一致的。如果我们用"范式"这个概念来表述不同理论的核心内容，那么，观察与理论的关系，就可以用哲学家斯台格弥勒下面的一段话来予以总结："范式的更换使学者们像是移居到另外一个星球上。本来熟悉的东西从一个全新的角度出现了，前所未知的东西聚集起来了。他们观察整个世界的概念之网更换了。可以毫不夸张地说，范式的变更使世界本身也变了。"①

4. 赞美理论与超越实践

"一切实践的最终含义就是超越实践本身。"这是现代德国哲学家伽达默尔所著《赞美理论》一文的结束语。

这话颇有些费解：实践就是实践，它为何必须超越自

---

① 转引自《自然科学哲学问题丛刊》1980年第1期。

身，又如何超越自身？如果我们再引述这篇文章的另两句话，或许可以对这句费解的话作一个注解："理论就是实践的反义词"，"对理论的赞美成了对实践的反驳"。

然而，这个注解也许会引起更深的疑惑：实践不是理论的基础吗？理论不是对实践的指导吗？为什么对理论的"赞美"反而成了对实践的"反驳"？为什么"赞美"理论就是对实践的"超越"？

我们暂且"存疑"，先来谈谈"时尚"。

据一份研究"时尚"的调查报告说，1993年中国流行程度最高的语言排列为：1. 下海 2. 炒股 3. 申办奥运 4. 第二职业 5. 大哥大 6. 大款 7. 发烧友 8. 发 9. 打的 10. 老板。在行为时尚方面，抽样调查表明，有40.6%的人从事过本职以外的经济活动，9.2%的人炒过股票，8.7%的人换过国库券或外汇券，7.4%的人练过摊，34.2%的人参加过各种新潮培训班，其中最热的是外语、电脑、股票和期货、公共礼仪等培训班。

"语言时尚"和"行为时尚"，最能表现一个社会在一个特定时期的最为普遍的社会思潮，也最能表现这个社会在这个时期的最为普遍的实践方式。那么，这种到处流行的"下海""炒股""大款""老板"的"语言时尚"，这种铺天盖地的"兑换""练摊""短训""公关"的"行为时尚"，究竟表现的是什么样的"社会思潮"和"实践方式"呢？

也许有人会脱口而出，这不是搞"市场经济"吗？然而，我们能说"下海""炒股""练摊""公关"就是"社会主义市场经济"吗？由此，我们大概可以联想到"理论对实践的反驳"和"实践对自身的超越"。

美国当代哲学家宾克莱说，"一个人除非对供他选择的种种生活方向有所了解，否则，他不可能理智地委身于一种生活方式。"① 为了"理智"地"委身"于"市场经济"这种"生活方式"，每个人都需要"理论"地了解当代中国所选择的社会主义市场经济，并从而推进社会主义市场经济的健康发展。市场经济需要理论意识。

市场经济是同"现代社会"以及"现代主义"不可分割地联系在一起的。从历史的角度来看，"现代社会"是相对于"传统社会"而言的。传统社会是以自然经济为基础的社会，现代社会则是以市场经济为基础的社会。在自然经济的条件下，由于生产力水平的低下，科学技术的不发达以及与此相适应的人的社会关系的等级化，"传统主

---

① 宾克莱：《理想的冲突》，商务印书馆 1986 年版，第 6 页。

义"在本质上是经济生活的禁欲主义、精神生活的蒙昧主义和政治生活的专制主义的"三位一体"。在这种以自然经济为基础的传统社会中，用马克思的话说，人们的存在方式表现为"人对人的依附性"。

以市场经济为基础的现代社会，在市场机制的作用下，以传统社会所无法想象的广度和深度推进了生产力水平的提高、促进了科学技术的发展并改变了人们的社会关系和生存方式。"现代主义"作为"传统主义"的历史性超越，它是一种新的"三位一体"：它在经济生活中反对禁欲主义而要求现实幸福，它在精神生活中反对蒙昧主义而崇拜理性权威，它在政治生活中反对专制主义而诉诸法治建设。功利主义的价值态度、理性主义的思维方式和法治主义的政治思想，这就是现代主义所表达的市场经济理念。

市场经济并非仅仅是一种资源配置方式，而是一种人的存在方式。市场经济按照自己的理念去改变和重塑全部现代生活。功利主义所导引的需求与生产的发展，理性主义的思维方式所推进的科学与技术的进步，民主法制的社会体制所实现的社会的现代化，造成了人的新的存在方式。这就是马克思所说的"以物的依赖性为基础的人的独立性"。

毫无疑问，市场经济之于自然经济、现代社会之于传统社会、现代主义之于传统主义，是一种巨大的历史进步，是人类实践的空前的自我超越。然而，同样不可否认的是，资本主义的市场经济并不是实现每个人的全面自由发展的"乐土"，建立在以"物的依赖性"的基础上的"人的独立性"并不是真正的、普遍的人的独立性，以功利主义、工具主义和法治主义为核心的现代主义并不是实现现代社会自我超越的"理念"。马克思的资本主义批判的科学社会主义理论，正是从经济、政治、文化和思想等方面深刻地揭露了资本主义的现代社会的种种矛盾及其内在的否定性，并深刻地阐述和论证了以社会主义的现代社会去取代资本主义的现代社会的历史必然性。

让我们重温一下马克思和恩格斯在《共产党宣言》中的一段论述："资产阶级在它已经取得了统治的地方把一切封建的、宗法的和田园诗般的关系都破坏了。它无情地斩断了把人们束缚于天然尊长的形形色色的封建羁绊，它使人和人之间除了赤裸裸的利害关系，除了冷酷无情的'现金交易'，就再也没有任何别的联系了。它把宗教虔诚、骑士热忱、小市民伤感这些情感的神圣发作，淹没在利己主义打算的冰水之中。它把人的尊严变成了交换价值，用一种没有良心的贸易自由代替了无数特许的和自力挣得的自由。总而言之，它用公开的、无耻的、直接的、露骨的剥削代替了由宗教幻想和政治幻想掩盖着的剥削。""资产阶级抹去了一切向来受人尊崇和令人敬畏的职业的光环。它把医生、律师、教士、诗人和学者变成了它出钱招雇的雇佣劳动者。""资产阶级撕下了罩在家庭关系上的温情脉脉的面纱，把这种关系变成了纯粹的金钱关系。"①

由此我们可以懂得：当代中国要确立的市场经济，并不是这种把一切都"淹没在利己主义打算的冰水之中"的市场经济；当代中国要实现的现代化，并不是"把人的尊严变成了交换价值"，把全部关系都变成"纯粹的金钱关系"的现代化。社会主义的市场经济和社会主义的现代化，这意味着：我们既要充分发挥市场经济的"正面效应"，又要坚决有力地抑制市场经济的"负面效应"；我们既要加快速度实现现代化，又不是把现代化了的西方社会作为追逐的模式。这就是建设中国特色的社会主义市场经济，这就是实现中国特色的社会主义现代化。在"下海""炒股""练摊""公关"的时候，我们还是应该具有这样一些"理论意识"。它可以使我们听到

① 《马克思恩格斯选集》第 1 卷，人民出版社 1995 年版，第 275 页。

一些"理论对实践的反驳"，它可以使我们实现一些"实践对自身的超越"。

关于理论的社会功能，马克思在《资本论》序言中的一段议论，是令人深思和发人深省的。马克思说："本书的最终目的，是揭露近代社会的经济运动规律，一个社会即使已经发现它的运动的自然规律，它还是既不能跳过，也不能用一个法令来废除自然的发展阶段。但是它能够把生育的痛苦缩短并且减轻。"①

的确，如果夸大理论的社会功能，甚至把理论的作用夸大为可以改变社会发展的规律，其结果只能是"假作真时真亦假"，使理论的信誉扫地，使理论冷漠成为一种普遍的社会心理。反之，如果无视理论的社会功能，甚至根本否定理论在社会生活中的作用，其结果也必然造成"无为有处有还无"，使实践变成盲目的实践，甚至是破坏人类自身发展的实践。

实践需要理论的"反驳"，从事实践活动的人需要"理论意识"，从根本上说，就在于马克思所指出的理论能够"把生育的痛苦缩短并且减轻"。

社会历史的发展总是处于某种"二律背反"之中，因

---

① 马克思：《资本论》第 1 卷，人民出版社 1975 年版，初版的序。

此总是表现为某种片面性；特别是在社会发展的变革时期或转型时期，更是无法逃避"生育的阵痛"。以中国的改革而言，市场经济与精神文明，经济效益与社会效益，发展生产与环境保护，短期行为与长远利益，宏观调控与微观搞活，对外开放与自强自立，真可谓"矛盾无处不在""矛盾无时不有"。在当代中国人的社会心理层面上，功利主义与理想主义，政治狂热与政治冷漠，理论淡化与理论饥渴，追求享乐与承担责任，呼唤变革与留恋过去，道德律令与唯我主义，无私奉献与拜金主义，构成了极其尖锐复杂的心理冲突。理论不可能"废除"这种"阵痛"，但却可以"缩短"并且"减轻"这种"阵痛"。

社会的进步就是实践的自我超越，理论的力量就是对既有实践的反省和对未来实践的引导。理论作为思想中的现实和社会的自我意识，它能够最集中、最强烈、最深沉地把握住和显现出时代的脉搏，对人们的实践活动进行全面性的反应、批判性的反省、规范性的矫正和理想性的引导。个人具备应有的理论意识，则能够全面地看待改革的实践，深刻地理解社会发展中的"阵痛"，理智地投身于新的生活方式之中。

在任何时代和任何社会，都有各种各样的理论。各种不同的理论有各自不同的命运。马克思说，"理论在一个国家的实现程度，决定于理论满足这个国家的需要的程度。"理论的命运取决于它在何种程度上构成"思想中的现实"，现实的命运则在一定程度上取决于能够满足它的需要的理论。失去现实需要的理论是没有希望的理论，失去理论兴趣的民族则是没有希望的民族。

赞美理论，贡献出无愧于时代的理论，并以塑造和引导时代精神的理论去推进实践的自我超越，这是我们的希望之所在。

合法的偏见：创新意识

理解并不是一种复制的过程，而总是一种创造的过程。

伽达默尔

1. 只有"相对的绝对"

有人把过去视为"绝对主义时代"。

有人把现在称作"相对主义时代"。

信奉绝对主义的人，总是把绝对当作绝对的绝对。

崇尚相对主义的人，总是把相对当作绝对的相对。

对于绝对主义者来说，相对也是绝对。如果相对主义者说："一切都是相对的。"绝对主义者就会予以反驳："你说'一切都是相对的'，这本身不就是绝对的断言吗？"

对于相对主义者来说，绝对就是相对。如果绝对主义者说："黑和白是绝对不同的"。相对主义者同样会予以诘难："黑与白的绝对不同，不就是由于它们是相对的存在吗？"

绝对主义者使相对成为绝对。

相对主义者使绝对成为相对。

于是智者笑曰：相对绝对乃辩证之统一。

这话说得不错，但做起来却不易。弄不好，就会像恩格斯所嘲笑的"官方黑格尔学派"那样，把"辩证之统一"当作"用来套在任何论题上的刻板公式"，"用来在缺乏思想和实证知识的时候及时搪塞一下的词汇语录。"①

事实上，人的思想从"绝对"或"相对"的框子里跳出来，可以说是极为困难的。相反，人的思想倒是常常从"绝对"跳到"相对"，或者从"相对"跳到"绝对"。但是，不管是从这端跳到那端，还是从那端跳到这端，就是难以跳出"要么这端，要么那端"的框子。"两极对立"的思维方式似乎是最易于接受，也是最易于运用的思维方式。

先说"绝对的绝对"观。

人们经常使用诸如"科学""真理"这些概念，并总是把这些概念作为判断是非、评论真假的标准。比如，某人说他讲的是"科学"或"真理"，而别人也认同这是

---

① 参见《马克思恩格斯选集》第2卷，人民出版社1995年版，第40页。

"科学"或"真理",于是大家便无话可说,既无须争论,更不能质疑,"科学"或"真理"就成了"绝对的绝对"。

这种绝对主义的思维方式,突出地表现在对"理论联系实际"的曲解上。人们总是首先把"理论"与"实际"截然对立起来,把理论视为无须反省的"客观真理",把实际看做与人无关的"客观存在",然后再用理论去"联系"实际,其实就是用理论去"套"实际。

这里表现了双重的绝对主义:既绝对主义地看待理论,又绝对主义地看待实际。

是否存在与人无关的、"客观存在"的实际?没有。"实际"在人的意识之外,但"实际"又总是在人的思想之中。凡是我们所"看到"的"实际",总是被我们"看到"的"实际"。这里的"看到",并不是用照相机的空白底片去给"实际"摄影,而是观察者自觉或不自觉地运用自己的知识、情感和意志去"看"实际。其中当然也包括运用观察者已有的理论去"看"实际。因此,这"看"的结果,实际就被理论"污染"了,实际也就不那么"客观"了。由此可见,"理论联系实际",并不是要不要用理论联系实际的问题,而是用何种理论去联系实际的问题,特别是用何种理论去取代其他理论联系实际的问题。比如,我们说要用建设中国特色社会主义理论去联系实际，从根本上说，就是要用这种理论去代替"文革"中的理论或全盘西化的理论或"内圣开出新外王"的理论去看待实际。

是否存在与人无关的、"客观存在"的理论？没有。观察者要用某种理论去联系实际，他必须首先把握这种理论，理解这种理论。而"只要人在理解，那么总是会产生不同的理解。"① 观察者总是要运用他的已有知识、思维方式、价值观念、审美意识和全部的教养去占有理论。因此，这"占有"的结果，就变成了对"本文"的"解释"，理论又被观察者的教养"污染"了。由此可见，"理论联系实际"，又不仅仅是用何种理论去联系实际的问题，而首先是我们在何种程度上、何种水平上占有理论的问题。比如，仍以建设中国特色社会主义理论为例，我们要用这种理论去联系实际，首要的是认真地学习这种理论，深入地理解这种理论，使我们的理解和解释达到与"本文"的"融合"。这样，我们才有可能以这种理论去"联系"实际，而不是以其他的理论去观察和解释实际。

由此可见，理论与实际的关系，并不是我们是否用理论去联系实际的问题，而主要是我们以何种理论去"看"

① 伽达默尔：《真理与方法》，辽宁人民出版社1987年版，第280页。

实际的问题。只是由于我们习惯性地以直观反映论的观点去看待理论与实际的关系，才把理论当作与主体无关的"客观真理"，又把实际当作与主体无关的"客观存在"，似乎把现成的理论往现成的实际上一套，就是"理论联系实际""有的放矢"了。这种把"理论"与"实际"绝对对立起来的绝对主义，只能是把理论当作"用来套在任何论题上的刻板公式"。我们不是经常听到这样的"大话""空话"和"套话"吗？

进一步思考，我们还会发现：如果把理论与实际当作是截然对立的存在，又要用理论去"联系"实际，就会把理论本身当作是凝固的、僵死的存在，而丢弃了对理论的反省与发展。正因如此，长期以来我们总是墨守于某种理论，甚至把理论的"坚持"与"发展"对立起来。在"文化大革命"中，甚至把理论与实际的关系归结为"带着问题学""活学活用""急用先学""立竿见影"等。事实上，如果理论不随着实际的变化而发展，又如何用这种理论去"联系"实际呢？理论并不是"万变不离其宗"的僵化的抽象教条，而是"思想中的现实"。绝对主义地看待"理论"和"实际"及其相互关系，只能是失去理论的力量与信誉，失去实践的生机与活力。真正的"理论联系实际"，必须超越绝对主义的思维方式。

再说"绝对的相对"观。

"一切都是相对的。"这在两种意义上都是成立的：其一，任何事物的存在都处于某种关系当中，没有不发生任何关系的孤立存在的事物。这里的"关系"，就表明了事物存在的无一例外的"相对性"。其二，人类的全部认识都处于历史过程之中，没有超历史的抽象的终极性的认识。这里的"历史性"，就表明了人类认识的毫无例外的"相对性"。

然而，"关系"和"历史"除了表明事物存在和人类认识的"相对性"，是否同时就表明了事物存在和人类认识的"绝对性"？让我们仍以"理论联系实际"来说明这个问题。

按照我们的看法，理论与实际并不是截然对立的关系，而是"观察负载理论""观察渗透理论"，我们所"看"到的实际，就是被理论"污染"了的实际；与人无关的实际，人未认识到的实际，对人的认识而言，只能是黑格尔所说的"有之非有""存在着的无"——它存在着，但对人的认识来说还是一个"无"。这种"认识"与"实际"的"关系"就是绝对的。无论人的认识如何发展，人的认识处于何种阶段或水平，"实际"只有成为认识的"对象"，它才成为人所认识的"实际"；成为人的认识对象的实际，就要被人的认识（常识或科学等）所"污染"，因而理论与实际不是截然对立的，而是"绝对"相关的。

按照这样的看法，理论联系实际，重要的就是以何种理论联系实际的问题。如果所有的理论只是相对的，无所谓正确与错误、先进与落后，我们又如何选择某种理论或拒斥某种理论去"联系"实际呢？我们做出选择或拒斥的根据又是什么呢？这只能是"历史的选择"。"历史"既是"相对性"的根源，又是"绝对性"的根据。

任何一种可以称之为"理论"的观念体系，都具有三个方面的基本特性：其一，历史的兼容性，即人类认识史的积淀或结晶；其二，时代的容涵性，即思想中所把握到的现实；其三，逻辑的展开性，即概念发展的有机组织。但是，不同的理论不仅在其历史感、时代感和逻辑感的程度和水平上是不同的，而且其总结历史、把握时代和展开逻辑的出发点与结论也是不同的。由此便构成了理论之间的"相对"而言的对与错或优与劣。

如果我们把理论之间的这种"相对"的区别视为"绝对的相对"，认为所有的理论只不过是"仁者见仁，智者见智"或"公说公有理，婆说婆有理"，那就取消了理论之间的对与错或优与劣的可比较性，从而也就取消了选择或拒斥某种理论去联系实际的问题。因此，真正的"理论联系实际"，又必须超越相对主义的思维方式。

超越对理论的绝对主义或相对主义的理解，关键在于寻求和确认判断理论之对与错或优与劣的标准。这里，我们想引证马克思的三段论述来探讨这个问题。

其一，在《关于费尔巴哈的提纲》中，马克思提出："人的思维是否具有客观的真理性，这不是一个理论的问题，而是一个实践的问题。人应该在实践中证明自己思维的真理性，即自己思维的现实性和力量，自己思维的此岸性。关于思维——离开实践的思维——的现实性或非现实性的争论，是一个纯粹经院哲学的问题。"① 这就是我们常说的"实践是检验认识的真理性的标准"问题。确实，在理论自身的范围内，如何去验证各种理论之间的对与错或优与劣呢？那只能或者是绝对主义地、"独断"地认定某种理论之对与优，或者相对主义地、但同样是"独断"地否认理论之间的可比较性。因此，只能是在"实践"中检验和鉴别理论。

---

① 《马克思恩格斯选集》第 1 卷，人民出版社 1995 年版，第 55 页。

其二，在《〈黑格尔法哲学批判〉导言》中，马克思又从一个新的角度谈论理论与现实的关系问题："理论在一个国家实现的程度，总是决定于理论满足这个国家的需要的程度。"① 确实，任何一个国家在它的任何一个历史时期，都会存在各种各样的、相互抵牾的理论。究竟何种理论能够得以"实现"，以及在何种程度上得以"实现"，这取决于它"满足这个国家的需要的程度"。由此我们可以看到，究竟选择哪种理论去"联系"实际，是同实际的"需要"密不可分的。这种"需要"的历史性，决定了理论选择的相对的绝对性。

其三，在同一篇文章中，马克思又提出："理论只要说服人，就能掌握群众；而理论只要彻底，就能说服人。"② 人们接受或拒绝某种理论，总是以能否被该种理论"说服"为前提的。不能说服人的理论，即使明令推行，也仍然是中国俗话所说的"口服而心不服"，难免"阳奉阴违"；反之，能够说服人的理论，即使明令禁止，也还是让人"心悦诚服"。这就是革命烈士诗抄中的两句诗："砍头不要紧，只要主义真。"理论怎样才能说服人呢？马克思不

---

① 《马克思恩格斯选集》第1卷，人民出版社1995年版，第11页。
② 同上，第9页。

仅说"理论只要彻底，就能说服人"，而且进一步解释说："所谓彻底，就是抓住事物的根本。但人的根本就是人本身。"马克思主义之所以能够"说服"人，就在于它具有理论的彻底性，它抓住了"事物的根本"，抓住了"人本身"。认真地读一读马克思的著作，人们都会强烈地感受到马克思主义的理论说服力和逻辑征服力。它绝不是一种抽象的、空洞的、枯燥的、刻板的、僵化的教条，而是一种深邃的、睿智的、历史地发展着的理论。

关于绝对与相对的关系，也许可以用我们发表过的一篇论文中的一段话来作结：

人类在自身的历史发展中所形成的具有时代特征的关于真善美的认识，既是一种历史的进步性，又是一种历史的局限性，因而它孕育着新的历史可能性。就其历史的进步性而言，人们在自己的时代所理解的真善美，就是该时代的人类所达到的人与世界的统一性的最高理解，即该时代人类全部活动的最高支撑点，因此具有绝对性；就其历史局限性而言，人们在自己的时代所理解的真善美，又只是特定历史时代的产物，它作为全部人类活动的最高支撑点，正是表现了人类作为历史的存在无法挣脱的片面性，因而具有相对性；就其历史的可能性而言，人们在自己的时代所理解的真善美，正是人类在其前进的发展中所建构的阶梯和支撑点，它为人类的继续前进提供现实的可能性。真善美永远是作为中介而自我扬弃的。它既不是绝对的绝对性，也不是绝对的相对性，而是相对的绝对性——自己时代的绝对，历史过程的相对。①

2. 想象的真实与真实的想象

超越绝对主义，方能冲破思想的禁锢。

超越相对主义，才会挣脱思想的虚无。

在对绝对主义和相对主义的双重超越中，思想敞开了联想与想象的空间。

许多人都会记得这样一句广告词：人类失去联想，世界将会怎样？这是"联想集团"的广告，这广告真是驰骋了"联想"。

确实，假如人类没有联想和想象，自在的自然会变成马克思所说的"人化了的自然"吗？自然的世界会变成马克思所说的"属人的世界"吗？假如人类失去联想和想象，这世界还会有多姿多彩的生活吗？这世界还会有灿烂

---

① 孙正聿：《从两极到中介——现代哲学的革命》，载《哲学研究》1988 年第 8 期。

辉煌的文明吗？这世界还会有令人神往的未来吗？

人们常说，"知识就是力量"；爱因斯坦则补充说："想象力比知识更重要。"知识是由想象创造出来的，知识是由想象激发活化的，知识是由想象推动发展的，知识是由想象带进无限的。人类失去想象，知识就会变成教条，智慧就会趋于枯竭，社会就会陷入僵化，世界就会失去生机。没有想象是不可想象的，失去想象是无法设想的。

想象，是指在感知觉材料的基础上，经过表象的创造性组合而形成新的表象的心理过程。它冲破了既有表象形象的束缚，它超越了时间空间的限制，它是列宁所说的"人给自己构成的世界客观图画"，这是"想象中的真实"。

想象，通常认为包括两种基本方式：一种是根据对客体的描述或象征性描绘，构造曾经感知过的客体表象。这被称为再现性想象或复现性想象。另一种则是构造未曾感知过的客体的表象，即创造尚未存在的客体的表象，这被称为创造性想象。

想象力人皆有之，但多属于再现性想象，即只是再现曾被感知过的客体表象，激发人类智慧，引发知识更新，推进社会发展，创建新的世界，则主要是依赖于创造性想象。

创造性想象不仅是"想象的真实",而且是"真实的想象"。这种"真实的想象"奠基于人类社会的进步和理论思维的发展。马克思和恩格斯说:"分工只是从物质劳动和精神劳动分离的时候起才真正成为分工。从这时候起意识才能现实地想象:它是和现存实践的意识不同的某种东西;它不用想象某种现实的东西就能现实地想象某种东西。从这时候起,意识才能摆脱世界而去构造'纯粹的'理论、神学、哲学、道德等。"①

真实的想象依赖于人类所创建的科学、艺术和哲学等文化样式,想象的真实又创造新的科学世界、艺术世界和哲学世界。

让我们先来看看科学的想象与科学的世界。

科学是发现的领域。它要发现新对象和新领域,它要发现新特点和新规律。科学又是创造的领域。主要创造新语言和新理论,它要创造新观念和新客体。科学的发现与创造,依靠创造性想象。

发现,总是发现未知的存在;创造,总是创造未有的客体。如若已知或已有,当然也就不需要科学的发现与创造。要发现未知和创造未有,就必须借助于科学的想象力。

---

① 《马克思恩格斯选集》第 1 卷,人民出版社 1995 年版,第 82 页。

想象某种假设的客体，再想象某种假设的前提，进而想象某种假设的条件与程序，想象与假设、想象与假说是互为表里的。恩格斯曾经说过："只要自然科学在思维着，它的发展形势就是假说。"如果没有科学想象，就不会有科学假说，科学就会"停止思维"。

在天文学发展史上，人们把"日心说"的提出称之为"哥白尼革命"。人在地球上观察星体之间的关系，总是把地球视为中心，要把地球的中心位置交换给太阳，就必须充分发挥科学的想象力，在哥白尼的想象中，太阳是傲然坐镇于众星运行的中心的。他说："在这个美丽的殿堂中，我们难道还能把这发光体放到别的更恰当的位置，使它同时普照全体吗？"这就是哥白尼依据于将近30年的观察所形成的科学想象及由此提出的科学假说。

在化学发展史上，从无机化学发展到有机化学时，出现了一个奇异的新问题——完全相同的化学成分可以组成不同的结构。这就是所谓"同分异构体"问题。当化学家知道苯的成分是 C_6H_6，而 C 是 4 价，H 是 1 价，就提出了这样的问题：6 个碳原子（C）与 6 个氢原子（H）是怎样结合的呢？提出苯环结构的化学家凯库勒曾这样回顾自己的思考过程："我把座椅转向炉边，进入了半睡眠状态。原子在我眼前飞动；长长的队伍变化多姿，靠近了，连接起来了。一个个扭动着、回转着，像蛇一样。看，那是什么？一条蛇咬住了自己的尾巴，在我眼前轻蔑地旋转，我如从电掣中惊醒。那晚，我为这假说的结果工作了整夜。"正是借助于蛇咬住自己尾巴的想象，凯库勒让苯的碳原子与氢原子形成圆圈状，这就是苯环。

冲出地球，攀登星月，这一直是人类的幻想。儒勒·凡尔纳在他的幻想小说中，就曾设想小说的主人公乘登月炮弹去月球旅行。被称作俄罗斯航天之父的齐奥尔科夫斯基则把这种科学幻想化为科学想象，提出用火箭反推力作为宇宙飞船的动力，并计算出飞行器飞离地面成为地球卫星，以及飞出地球和飞出太阳系必须达到的最低速度，即第一、第二和第三宇宙速度。齐奥尔科夫斯基大胆地预言："地球是人类的摇篮，但人类不能永远生存在摇篮中。开始它将小心翼翼地穿过大气层，然后便会去征服整个太阳系。"这句熔铸着科学想象与科学追求的预言被铭刻在齐奥尔科夫斯基的墓碑上。而在他逝世的 20 多年之后，这个预言则变成了现实。

想象的真实依赖于真实的想象。真实的想象则奠基于已有的科学事实。巴甫洛夫曾做过这样的比喻："无论鸟翼是多么完美，如果不凭借空气，它是永远不会飞翔高空的。事实就是科学家的空气。你们如果不凭借事实，就永远也不能飞腾起来。"想象与事实，是科学展翅高翔的羽翼和空气，想象使科学突破狭隘的现实，飞向广阔无垠的宇宙。

我们再来看看艺术的想象与艺术的世界。

艺术就是想象的艺术。然而，人们却常常把艺术的想象视为"虚幻的想象"，把想象的艺术视为"想象的虚构"。于是，艺术成了虚幻的方式，艺术的世界成了虚构的世界，艺术的欣赏成了可有可无的消遣。

其实，艺术同科学一样，它也是一种"想象的真实"和"真实的想象"。我国的一位著名文学评论家曾这样评论《红楼梦》这部巨著。他说，《红楼梦》是把生活的大山推倒之后，又艺术地重新建造起来。由此我们可以进一步发挥说，这构建艺术之山的过程是一种"真实的想象"，这构建起来的艺术之山则是一种"想象的真实"。它并不仅仅是艺术地再现了生活的真实，而且是艺术地创造了生活的真实。这种艺术地创造出来的生活的真实，是生活逻辑的真实，生活理念的真实，生活理想的真实。艺术的魅力，根源于艺术想象的真实。

谁都知道，白石老人画的虾不能游入水中，悲鸿先生画的马也不能在草原上奔驰。那么，人类为什么需要、创造、欣赏和追求"虚幻"的艺术呢？这是因为，现实的人是历史文化的产物。文化的历史积淀造成人的愈来愈丰富的内心世界，人需要以某种方式把内心世界对象化，使之获得某种特殊的文化形式。这种文化形式就是创造美的意境的艺术。

艺术形象把人的情感世界对象化、形象化、明晰化，又把对象性的现实世界主观化、情感化、理想化，从而使人在艺术形象中观照自己的情感，理解自己的情感，品味自己的情感，使情感获得稳定的文化存在。因此，艺术"想象的真实"，比现实的存在更加强烈地激发人的情感体验，更加深刻地构建人的情感世界。对于人的情感体验和情感世界来说，艺术想象所创造的世界，是比现实的世界更为真实的文化存在。

最后我们来看哲学的想象和哲学的世界。

哲学的思考是"形上"的思考，哲学所创造的世界是"形上"的世界。人类思维面对千差万别、千变万化的世界，总是力图寻求到万物的统一性，从而对世界作出普遍性的解释。在古希腊哲学家那里，曾以诚挚的"爱智之忱"去寻找这种对一切存在物做出解释的"统一性"。哲学家们以其"想象的真实"告诉人们，这种"统一性"，是"水"、是"火"、是"数"、是"理念"……正是这种哲学的"想象的真实"，不仅激发了人类对追本溯源、究根问底的智慧的热爱与追求，而且培育和锻炼了人类的理论思维能力的进步与发展。

让我们以人们所熟知的古希腊哲学家赫拉克利特所描述和阐发的"火"为例，来体会一下哲学家的"想象的真实"。赫拉克利特提出，整个的世界就像燃烧着的"火"，是一个永远运动、永远变化的过程。"万物都变换成火，火也变换成万物，正像货物变成黄金、黄金变成货物一样。"在这个变换或转化的过程中，存在着"变换"的统一性，这种统一性使得变换着的世界并不只是一种随机的过程。掌握着这个统一性的理性就是"变换"的通用的"货币"。这种理性或"逻各斯"就是流动的量度或合乎规律性。因此，这个流变的世界是有秩序的，因而也是可理解的。①

把整个的世界比喻为燃烧的活火，这当然是古代哲人的"想象的真实"。但是，这个"想象的真实"却不仅向人们揭示了世界的流变性与规律性，而且向人们揭示了感性与理性、观察与理论之间的矛盾和冲突，从而启发人们

---

① 参见瓦托夫斯基：《科学思想的概念基础》，求实出版社1982年版，第102页。

在感性与理性的矛盾冲突中去寻求和把握世界的运动规律，去探索和确立人类的安身立命之本。同样，在大家所熟知的柏拉图关于"理念世界"的想象中，我们会发现人类以概念把握世界的困惑——究竟是人类以感官所把握到的世界是真实的，还是人类以概念所把握到的世界是真实的？概念是独立于感性存在之外的另一个世界，还是理性把握存在的一种方式？概念是指示对象存在的名称，还是主体所把握到的对象的意义？了解哲学史的人都知道，这些问题不仅构成了"唯名论"与"唯实论""经验论"与"唯理论"的冲突，而且构成了"语言转向"的现代哲学正在探讨的问题。

在科学、艺术和哲学的"想象"中，人类构建并发展了自己的"科学世界""艺术世界"和"哲学世界"，亦即构建和发展了自己的多姿多彩的"生活世界"。离开"想象的真实"，"现实"是不可想象的。

3. 提出问题比解决问题更重要

"科学始于观察"，这是人们根深蒂固的信念。人们甚至认为，为了保证观察的"客观性"，应该像把外衣挂在实验室外的走廊上一样，把头脑中的"成见"也"放"在实验室之外。

与此相反，当代著名的科学哲学家卡尔·波普则提出："科学始于问题。"他认为，科学的本质是永无止境的求索。科学犹如"探照灯"，总是把探索的光芒投向广阔的未知领域。科学是一个历史地发展的过程，因而从来不是完备的知识系统，而是一个需要不断改进和发展的活的机体。科学研究，就是寻找科学中存在的"问题"。正是"问题"促使我们进行观察和实验，展开联想和想象，提出假说和理论。"问题意识"是科学探索的首要意识。

波普的"问题意识"，会使我们想起爱因斯坦的一句名言：在科学探索中，"提出一个问题比解决一个问题更重要"。

无论是在日常生活中，还是在各种非日常生活的研究领域，每个人都会常常产生这样的困惑：我们知道各种答案，就是不知道问题在哪里。也许，需要撰写学位论文的大学生和研究生们，更会有这样的切身感受吧？

"问题"在于"提出"。能否真实地提出问题，能否提出真实的问题，这正是一个人的创造性的精神品质和创造性的智力活动的集中表现。

"智力"是指人的认识能力和活动能力的总和。人的智力主要是由观察能力、记忆能力、思维能力、想象能力、直觉能力和实践能力构成的。而超越于所有这些能力之上、并融汇于所有这些能力之中的最重要的智力，则是人的创造能力。这种创造能力使观察能力变得敏锐，使记忆能力变得灵敏，使思维能力变得敏捷，使想象能力变得丰富，使直觉能力变得深刻，使实践能力变得卓有成效。高超的智力，就是人的各种智力的创造性综合。正是这种创造性的综合，形成和提出了具有创造性的新"问题"。

提出"问题"的创造精神和创造能力，主要表现在三个方面：一是善于从观察和实验以及各种"文本"中捕捉到别人视而不见的新现象和新情况，善于从"合乎逻辑"的推理中提出别人漠然置之的新问题；二是敢于向人们习以为常的经验常识提出超越常识的新观念，敢于向人们奉为金科玉律的"公理""规则"提出"离经叛道"的新假说；三是善于并且敢于联想人们认为是没有任何联系的事物，善于并且敢于驰骋"想象的真实"。

培养创造性的"提出问题"的能力，首先要培养"激活背景知识"的能力。

人是历史性的文化存在。人总是通过各种渠道（经验常识、生活体验、学校教育、职业实践等）而获得各种

"知识"。知识是通过记忆而储存在人的大脑之中，并成为人去发现问题、分析问题和解决问题的"背景知识"。人的记忆能力主要包括"识记""保持""再现"和"再认识"这四个方面。因此，人们常常用下面四个指标来衡量人的记忆能力：敏捷性（识记的速度）；持久性（保持的时间）；正确性（再现的准确程度）；备用性（再认识时的有效性）。但是，人们在使用这四个指标去衡量人的记忆能力或人的知识储存的时候，却往往忽视"激活背景知识"的能力——灵活地运用知识的能力和创造性地调动记忆的能力。结果，许多人仅仅把"记忆"当作迅速、准确、持久地掌握知识的能力，甚至把知识和记忆当作是"死记硬背"的东西。

按照当代美国著名心理学家布鲁纳的观点，人类记忆的首要问题不是"储存"知识，而是"检索"知识。"储存"，只是把知识保持在记忆中，而不能灵活地调动记忆中的知识，更不能"激活知识"以提出新的问题。"检索"，则是突出对知识的调动、组织和创造性重组的能力。检索首先是对知识的调动和组织，也就是在记忆库中查找信息和获得信息。每个从事研究的人员都有自己的井然有序的记忆网络，并通过检索在这个记忆网络中迅速、准确地调动自己所需要的知识。这就像是一只经过整理的抽屉，不仅能够容纳更多的东西，而且能够使人更快地找到东西。检索又是对知识的创造性重新组合。它把记忆网络中的知识调动到所研究的问题上来，在知识的重新组合中，活化了已有的知识，使知识产生新的联系，从而引发出创造性的联想和想象，提出新的问题，并形成新的猜测和假说。

波普以"科学始于问题"作为科学增长模式的出发点，构成了 P1→TT→EE→P2……的科学增长模式。这里的 P1 表示所提出的问题，TT 表示关于问题的试探性理论即"猜测"或"假说"，EE 表示检验和消除试探性理论的理论，P2 则表示提出新的问题。波普说，"选择某个有意义的问题，提出大胆的理论作为尝试性解决，并竭尽全力去批判这个理论"，从而提出更加深刻的新问题。在波普的这个科学知识增长模式中，我们不仅可以体会到"问题意识"的极端重要性，而且可以体会到"激活知识"、提出"尝试理论"的重要作用。

培养创造性的"提出问题"的能力，还需要培养"使用思维工具"的能力。

寻找、发现和提出新的问题，首先是要"激活背景知识"，没有背景知识的激活，只能是提出"无意义的假问题"。但是，激活背景知识本身，就是灵活地使用思维工具的结果。物理学家费米非常喜欢与人比赛，谁先说出某个复杂的公式，结果常常是费米获胜。其中的奥秘就在于，别人总是靠记忆，而费米则是运用科学方法进行推导。在这种推导过程中，各种知识被激活了，不仅可以合乎逻辑地推导出某个公式，而且还会创造性地寻找到提出问题和解决问题的新思路。如果从记忆与理解的关系看，则可以这样说：记住了的东西不能够深刻地理解它，只有理解了的东西才能更准确地记住它。大概正因如此，爱因斯坦认为，公式和数据只需查手册就可以解决问题，因而不值得记忆。真正值得重视的是科学思维的方法。

培养创造性的"提出问题"的能力，还需要培养"进攻性"的品质。

1979 年诺贝尔物理学奖获得者、美国哈佛大学教授温伯格提出，科学家第一个重要的品质是"进攻性"：不要安于书本上给你的答案，而要尝试发现书本中的问题。他认为，这种"进攻性"的品质比智力更重要，是否具有这种品质是区别最好的学生与次好的学生的分水岭。

温伯格教授的话，使我们联想到许多著名学者对大学、大学生和大学教育的看法。怀特海说："大学的理想与其说是知识，不如说是能力。""概括的精神应当统治大学。"
"在中小学阶段，学生在精神上是埋头在书桌上的；在大学
里，他就应当站起来环顾四周。"马赫说："我不是哲学家
而只是一个科学家。……可是，我不愿意做一个盲目听从
某一哲学家指挥的科学家，像莫里哀喜剧中的病人那样要
听从医生的指挥。……我不打算给科学引进什么新的哲学，
而只是想打发掉陈旧的、过时的哲学。……有些错误，哲
学自己也已注意到了……它们在科学中却有较长的生命，
因为在那里碰不到尖锐的批判，正像一种在大陆上无法活
下去的动物，却能够在一个偏远的海岛上免受伤害，因为
那里没有天敌。"①

　　创造性地提出问题，创造性地提出关于问题的解释，
又对这种解释进行毫不留情的批判，从而提出更深刻的问
题，这既是科学发展的逻辑，也是培养创造性品质的过程。
科学研究的创造性，就是郭沫若所说的"既异想天开，又
实事求是"。现代科学的突出特点，是"交叉""渗透"
"横向""综合"学科的兴起。这些学科正是创造性地把过
去的壁垒森严的不同学科内在地联系起来，向过去不曾问
津的领域"进攻"的结果。

---

　　① 转引自弗兰克：《科学的哲学》，上海人民出版社 1985 年版，第 6 页、第 12 页。

培养"强烈的问题意识"，锻炼"激活背景知识"和"使用思维工具"的能力，形成"进攻性"的思维品质，我们的智力就会显示出广阔性、深刻性、独立性和敏捷性的特点。广阔性，就是善于在宽广的领域里较为全面地思考问题，使想象力冲破时间和空间的限制；深刻性，就是善于抽象、概括事物的本质，使洞察力穿透事物扑朔迷离的种种偶然现象；独立性，就是善于独立地思考问题和提出问题，见人所未见；敏捷性，就是善于迅速准确地捕捉到新的问题，当机立断，把思想具体化。其中，最重要的是思维的独立性。具有独立思考能力的人，才能创造性地提出问题和解决问题。

4．创建新"范式"

"范式"这个概念是当代美国科学哲学家托马斯·库恩提出来的。他是为了说明科学发展的历史与逻辑而提出的这个概念。由于这个概念所具有的广泛的解释力，它已经远远超出了对科学发展模式的解释，而被广泛地运用于解释文学、艺术、哲学等各种文化形式的变革与发展。这就是人们经常听到和看到的"科学范式""文学范式""艺术范式""哲学范式""法学范式""史学范式""经济学范式"乃至广而言之的"理论范式"等。

在库恩那里,"范式"这个概念是与"科学共同体"(或"科学家集团")这个概念互为解释的。这就是:"范式"是"科学共同体"所信奉或遵从的信念与规则;"科学共同体"则是由于信奉或遵守某些最基本的信念与规则而形成的科学家集团。如果把这里的"科学"共同体变换为"文学""艺术""哲学"共同体,这里所说的"范式"当然也就变换为"文学范式""艺术范式""哲学范式"了。

"范式"作为"共同体"所信奉或遵从的最基本的信念与规则,它的内涵是丰富的,也是复杂的,以致库恩本人并未作出准确的规定。如果可以通俗一些说,"范式"最重要的内涵,是指"共同体"的世界图景、思维方式、价值观念和审美意识等等所凝聚成的"解释原则"——如何解释科学(或文学、艺术、哲学等)自身及其研究对象和研究结果。

解释自身,就是自我解释。比如,"科学范式"的首要内容,就是解释"什么是科学",也就是解释"科学分界"问题——如何区分"科学"与"非科学"。同样,"哲学范式"的首要内容,也是解释"究竟什么是哲学"。这种自我解释，正是"共同体"所信奉或遵从的最根本的信念或规则。试想一下，如果人们所理解的"科学"或"哲学"不是一回事，又怎么会有共同的信念或规则，又如何按照"规则"去"游戏"呢？又哪里会有所谓的"共同体"呢？

自我解释不同，关于对象和结果的解释当然也不同。但在关于研究对象和研究结果的解释中，则比较显著地凸现了作为研究结果的关于对象的"基本原理"，也就是把对象性理论区别开来的最根本的原理。比如，哥白尼的日心说原理，使他的天体运行理论区别于托勒密的地心说的天体理论；马克思的劳动价值论使他的政治经济学理论区别于英国古典政治经济学；索绪尔的结构主义理论使他的语言学区别于传统的语言学理论；如此等等。这种作为某种理论生命线的最基本原理，也就是该种理论作出全部解释的最基本的解释原则，所以当代科学哲学家伊姆雷·拉卡托斯将其形象地称作"理论硬核"。这种"理论硬核"正是"范式"的核心内容。

库恩从"范式"与"共同体"的相互解释及其统一性出发，对科学的演进、特别是对科学的"革命"作出了如下的描述：前科学→常规科学→科学危机→科学革命→常规科学……

这里的"前科学",指的是"科学范式"和"科学共同体"尚未成熟的学科状况;"常规科学"是指由于"科学范式"和"科学共同体"的成熟而达到的一门学科已成其为"科学"的状况;"科学危机",则是指既有的"范式"无法解释愈来愈多、愈来愈频繁的"反常现象",以致人们对这种"范式"开始怀疑,对它的信念开始动摇,并导致"共同体"的分裂,"范式"的一统局面被破坏的状况;"科学革命",用库恩自己的话说,就是"旧范式向新范式的过渡",就是"抛弃旧范式与接受新范式"的"同时发生的过程";新的"常规科学",则是新范式的确立和新的共同体的组成,以及由此而形成的相对稳定的该学科发展的新时期;由于科学研究在新范式中的累积性进步,又会出现新的反常,陷入新的危机,引起新的革命,从而实现从新范式到更新范式的转变,使科学研究进入更新的常态科学时期。显然,这是一个动态的、开放的科学发展模式。

库恩所描述的科学发展模式,不仅是引人入胜的,更是发人深省的。它对于培养人的创新意识和创造精神,既是富于启发性的,也是具有操作性的。

时下,各种各样的"学"真是无奇不有,泛滥成灾。

只要你涉及一个领域，提出一个问题，甚至是说出一个名词，几乎就有关于这个领域、这个问题或这个名词的"学"。就说"管理"吧，不用说"行政管理学""工业管理学""农业管理学"，也不用说"财政管理学""金融管理学""外贸管理学"，连"宿舍管理学""食堂管理学""教室管理学"乃至更"微观"的"管理学"都在堂而皇之地成为"一门科学"。

确实，现代科学的发展不仅呈现整体化的趋势，同时也表现为分支化的趋势。新学科的出现乃至层出不穷，也是现代科学发展的重要标志之一。但是，任何新的学科之所以成为"一门科学"，并不是由于在某个名词之后加上"学"字，而是因为它形成了库恩所说的"科学范式"和"科学共同体"。否则，不管是什么时髦、诱人的"学"，也只是如库恩所说的"前科学"。超越"前科学"而形成"常规科学"，是需要一个较长时期的"科学范式"和"科学共同体"的成熟过程的。

当然，库恩的"范式"理论的重要启发意义并不在这里。重要的是，它启发我们如何去对待"常规科学"，以及"科学危机"和"科学革命"。

"常规科学"时期，是依据既定的"科学范式"进行研究的时期。"科学共同体"对待"科学范式"的态度，就如同虔诚的信徒对待宗教教义一样。在这个时期，"共同体"的科学精神是保守的，而不是革命的；是惯性的，而不是创造的。在这个时期，即使"共同体"的成员发现"范式"与经验事实的不一致，并因而在运用"范式"解决问题时遭到失败，也不是由此而去怀疑"范式"，而是怀疑自己对"范式"的理解与运用。这就如同人在游戏中遭到失败，只能怨恨自己的能力不佳或运气不好，而决不会怀疑游戏的规则一样。

"常规科学"时期的"科学范式"的保守性，以及"科学共同体"遵从"科学范式"的思维惯性，对于科学的累积性进步是必不可少的。正是由于拒绝对"范式"的怀疑，才会在"范式"的规范下提高科学知识的精确性和可靠性，扩大科学知识的解释力和预见性，并使"范式"得到进一步的应用与证实。

然而，"范式"的保守性本身就具有"内在的否定性"。这正如波普所说，"库恩认为常态科学时期的科学家对范式的态度不是创造性态度，而是教条式态度。他们的任务不是检查范式或改变范式，而是坚守范式，坚定不移地用范式去解决科学研究中的各种问题。"不仅如此，由于

"范式"是"共同体"所信奉和遵从的信念与规则，因此，对"范式"的任何怀疑就是对"共同体"的蔑视，对"范式"的任何超越也就是对"共同体"的挑战。这样，就使遵从共同范式的常规科学时期，变成了特定范式的专制时期，它限制了人们的思维视野，遏制了人们的创造精神，压制了人们的理论变革。房龙在《宽容》一书中所描述的种种"非宽容"或"反宽容"，正是科学史和思想史所作出的佐证。

"理论是灰色的，而生活之树是常青的。"人类实践活动的扩展与深化，总是使背离"范式"的"反常现象"愈来愈多并且愈来愈频繁。从而引发对"范式"的怀疑，在原有的"共同体"中，出现固守旧范式与创建新范式的激烈争论，形成派别之间的斗争，导致"共同体"的分裂，这就是"危机"时期。著名物理学家洛仑兹在古典物理学的危机时期忧心忡忡地说："在今天，人们提出了与昨天所说的完全相反的主张。在这样的时期里，已经没有真理的标准了，也不知道什么是科学了。我真悔恨自己没有在这些矛盾出现的五年前死去。"另一位著名物理学家玻尔，在海森堡建立新量子理论的前不久，也大惑不解地说："现在物理学又混乱得如此可怕了。无论如何，这对我来说太困难了。我希望自己不是一个物理学家，而是一个电影喜剧演员或别的什么。从来没有听说过物理学有多好呀！"这些大概是较为形象地表现了科学家在"科学危机"时期的惶惶不安和无所适从的心理状态。

然而，正如库恩所说，"危机打破了旧框框，并为范式的根本变革提供了必需的日益增加的资料"，"首先是由于危机，才有新的创造"，"危机是新理论的前奏"。确实，危机绝不仅仅是带来分歧和混乱，更重要的是它给人们带来批判精神和创造精神。它是科学中的保守精神的解毒剂，也是科学中的创新精神的振奋剂。

科学革命是旧范式向新范式的过渡，是抛弃旧范式与接受新范式的双重性过程，因而是破坏与建设的统一性过程。库恩认为，新范式的创立者和拥护者往往是"共同体"中的较为年轻的一代，这是因为他们受旧范式的熏染不深，对旧范式的信念不坚定，容易对旧范式产生怀疑，是科学中的进步力量；固守旧范式和拒斥新范式的则往往是"共同体"中较为年长的一代，他们习惯于旧的范式并对其坚信不疑，是科学中的保守力量。因此库恩说："范式的转变是一代人的转变。"

在库恩看来，科学的常规状态与危机状态都是科学发展中的既必不可少又不可避免的两种状态，真正的科学精神既不是单纯批判的，也不是单纯保守的，而应该是批判精神与保守精神的适当的结合与平衡。他提出，科学思维有两种基本形式：一是发散式思维，思想开放活跃，敢于标新立异，反对偶像崇拜，这是"破旧立新"的批判的、革命的思维方式；二是收敛式思维，思想集中专注，研究踏实稳健，竭力维护传统，这是"循序渐进"的保守的思维方式。库恩认为，正因为这两种思维各有所长，一个成功的科学家就需要同时兼备这两种思维与性格，并使之达到合适的平衡。这就是"必要的张力"。

对于库恩的"范式"理论，人们尽可以"见仁见智"。但是，在"面向21世纪"的理论思考中，我们总是可以从中得到某些有益的启示。特别是在总结中国改革开放以来的实践经验和理论成果，试图建构各门学科新的理论体系的过程中，尤其需要一种建立新范式的批判精神和创新意识。这是一种理论层面的现代教养。

我们在"理论意识"部分曾经说过，任何一种真正的理论，都具有历史的兼容性、时代的容涵性和逻辑的展开性，是人类认识史的积淀、思想中把握到的时代、概念发展的有机组织的统一。因此，理论体系的建设，就是建设具有深厚的历史感和强烈的现实感的逻辑化的概念系统。

体系化的新理论，首先应当是来源于对人类认识的总结。恩格斯曾经指出，黑格尔哲学的理论魅力，在于它的"巨大的历史感"。读一读黑格尔的《精神现象学》《哲学史讲演录》和《逻辑学》，我们不能不折服于一种"历史性的思想"与"思想性的历史"的相互辉映的理论征服力量。在黑格尔那里，尽管有许多"猜测的"甚至是"神秘的"东西，但他的"史论结合"，却绝不是我们所看到的许多"体系化"的理论那样，以"论"为纲，以"史"为例，纯属外在的"结合"。正是在系统总结和深刻反思包括黑格尔哲学在内的人类思想史的基础上，恩格斯曾作出一个发人深省的论断：所谓"辩证哲学"就是一种"以认识思维的历史及其成就为基础的理论思维。"①离开深厚的历史感，所谓"体系化"的理论只不过是没有血肉的教条主义式的拼凑。我们以为，这大概就是许多冠之以"理论体系"的教科书被人冷落的重要原因之一。

关于理论，人们常常强调它的"现实感"或"现实性"。这当然是对的。需要认真思考的是，理论作为思想中的现实，它并不是"现存"的各种事实和统计数据的堆积，更不是

① 《马克思恩格斯选集》第4卷，人民出版社1995年版，第308页。

个人智巧的卖弄和煞有介事的"高级牢骚"。理论的"现实性"，在于它以"通晓思维的历史和成就的理论思维"去把握现实、观照现实、透视现实，使现实在理论中再现为"许多规定的综合"和"多样性统一"的"理性具体"。历史感规范着理论在何种程度上洞察到现实的本质和趋势。现实感则规范着理论在何种程度上实现自己。理论的历史感由于其现实感而获得把握时代的意义，理论的现实感则由于其历史感而获得其把握时代的力度。离开历史感的所谓"现实性"，只能是一种外在的、浅薄的、时髦的赝品，这样的"理论体系"只能是某种明星式的轰动效应，而无法构成"思想中的时代"。同样，离开现实感的所谓"历史感"，只能是一种烦琐的、经院的、陈旧的说教，这样的"理论体系"只能作为学究式的自我欣赏，也无法成为"思想中的时代"。

理论体系是概念发展的有机组织，也就是逻辑化的概念展开过程。然而，人们所看到的许多"体系化"的理论，却往往是概念、范畴、原理的简单罗列或任意拼凑，而缺少内在的"逻辑"。这正是黑格尔曾尖刻地批评过的"散漫的整体性"。从形式上看，这些"体系"有章、有节、有目，有纵、有横、有合。方方面面，林林总总，似乎完整无缺；从内容上看，这些"体系"的概念、范畴、原理却缺乏内在的有机联系，缺乏由浅到深的概念发展，缺乏撞击人的理论思维的逻辑力量。而造成这种状况的深层根源，则在于这些"体系"尚未形成比较成熟的"范式"，尚未形成贯穿"体系"的基本解释原则。

任何理论的发展，如库恩所描述的科学发展一样，也必然经历理论体系的建构——解构——重构的过程，即理论的自我否定与自我重建的双重性过程。其中，否定性的"解构"——抛弃旧范式和建立新范式——是重构理论体系的关键环节。这道理很简单。理论体系的重建，并不是外在的"体系"的重新构造，而是"理论"本身的变革与创新，是"理论"在变革与创新中形成新的解释原则，并从而形成新的逻辑化的概念发展体系。

在相当长的时期内，我们总是习惯性地把某些"体系化"的理论——比如各种"教科书"式的"原理体系"——视为"绝对真理"，似乎"体系"中的每个概念都有唯一的"定义"，每条原理都是"天经地义"。于是，所谓的"体系建设"，或者是"运用"已有的定义和原理去解释某些问题，或者是"寻找"某些事例来论证已有的定义和原理，或者是用已有的定义和原理进行新的排列组合。其结果，"体系"变了，"范式"还是旧的，当然"理论"也还是旧的。

创建新的理论"体系"，必须首先创建新的理论"范式"；创建新的理论"范式"，则必须首先对"范式"有深刻的认识。任何理论范式，既具有其历史的合理性，也有其内在的否定性，它既是某个时代的绝对，又是历史过程的相对。

因此，任何范式及其理论体系，都是一种"合法的偏见"——它具有历史的合理性，因而是"合法的"；它具有历史的局限性，因而总是"偏见"。

人们常说，辩证法在本质上是批判的、革命的。但是，人们往往忽视了另一方面——辩证法又是宽容的。这是因为，辩证法是在对事物的"肯定的"理解中同时包含对它的"否定的"理解。这种"肯定"的理解，也就是"历史"的理解，即承认一切事物的历史合理性。这种"否定"的理解，也是"历史"的理解，即承认一切事物的历史暂时性。这种辩证法的理解方式，既体现了最彻底的批判精神，也蕴含了最真实的宽容精神。辩证智慧使人的思维超越两极的对立，保持"必要的张力"。

向前提挑战：批判意识

> 无论科学概念还是生活方式，无论流行的思
> 维方式还是流行的原则规范，我们都不应盲目接
> 受，更不能不加批判地仿效。
>
> 霍克海默

1. 思想的另一个维度

说到"维度"，人们自然会想到时间和空间，如时间的
一维性，空间的三维性，以及由时间和空间四个坐标形成
的"四维空间"等。

把"维度"同"思想"联系起来，提出"思想的维
度"，人们也许会联想到一些学者对"现代思维方式"特
点的概括与描述。比如，有人说现代思维方式的特点是
"多侧面""多角度""多层次"乃至"全方位"地思考问
题；还有人说"超前性""预测性""模糊性"乃至"全
息性"是现代思维方式的本质。

这些概括和描写，确实显示了"思想的维度"："多侧面"就不是只看到一个侧面，"多角度"就不是只从一个角度去看，"多层次"，就不是只看到一个层次，至于"全方位"，也就把所有的侧面、角度、层次都看到了。这恐怕就不是一维或三维，而是无限维了。思想的维度远不是时空的维度所能描述的了。如果再加上"超前""预测""模糊"乃至"全息"，那么，无论怎样驰骋我们的想象，想要"全面"地描述思想的维度，大概也是"可望而不可即"了。

说这些，主要的意思并不在于评论对现代思维方式的这些概括与描述。究竟如何概括和描述现代思维方式的本质与特点，人们尽可以驰骋自己的想象或进行切实的研究。

这里要说的主要意思在于：上述关于现代思维方式的概括与描述，似乎是要展现思想的无限的维度；然而，换个"角度"看，却仍然是描述了思想的"一个"维度——思想把握和解释存在的维度。

思想把握和解释存在的维度，就是思想指向对象的维度，思想构成自己的维度，思维与存在统一的维度，思想形成关于对象的映像与观念的维度。一句话，思想把握和解释存在的维度，就是"对象意识"的维度。

对象意识，就是指向关于对象的意识。"多侧面""多角度""多层次"乃至"全方位"，都是讲的如何看待对象的问题。"多侧面"就是从不同的侧面看对象，"多角度"就是从不同的角度看对象，"多层次"就是从不同的层次看对象。但是，不管怎么看，总是看对象，这就是对象意识。至于"全方位"，虽然有"跳出来"的意思，但并没有跳出看对象的对象意识。"横看成岭侧成峰，远近高低各不同。不识庐山真面目，只缘身在此山中。"所谓"全方位"，当然是要跳出"庐山"看"庐山"。然而，尽管这种"全方位"的思维方式也许可以看到"庐山真面目"，但它也仍然是关于"庐山"的"对象意识"。

"超前""预测""模糊"乃至"全息"的思维方式也是如此，"超前"与"滞后"相对，有"见人所未见"的意思。"事前诸葛，事后曹操"，属于比较聪明的人的思维。但这里所说的"超前"，也仍属于超前地认识对象，即关于对象的对象意识。"预测"是以掌握对象的运动规律为基础而把握到对象的未来状况，"模糊"是以对象的非线性存在为前提而去认识对象的存在，因而都是关于对象的对象意识。至于"全息性"，大概是说思维的"小宇宙"与外在的"大宇宙"具有"异质同构"性（或"同质异构"性?），因而可以"全面"地和"完整"地反映外在的"大宇宙"。这种"全息性"的对象大则大矣，但也仍然说的是关于对象的对象意识（尽管在这种对象意识中包容了整个的宇宙）。

这样谈论关于现代思维方式的概括与描述，并不是一种嘲弄或"反讽"。我们只是说，在这种概括与描述中，不管以怎样的特点去表达现代思维方式，却只是向人们展现了思想的一个维度——关于对象的对象意识。

那么，思想的另一个维度是什么？这就是时下人们经常挂在嘴边的一个概念——"反思"。但是，正因为人们经常挂在嘴边，却往往造成"熟知而非真知"，并没有深究"反思"的含义，更没有把"反思"看作思想的另一个"维度"。

"反思"不是一般所说的"三思而后行"的"反复思考"。因为这种反复思考，仍然是反复地思考对象，即仍然是一种对象意识。

"反思"也不是一般所说的"反向思维"。所谓的"反向思维"是与"正向思维"相对的，也就是从相反的方向、方面、角度去看对象。这仍然属于对象意识。

"反思"是"对思想的思想""对认识的认识"，是

"思想以自身为对象反过来而思之"。这才是思想的另一个维度——不是关于对象的思想维度，而是关于思想自身的思想维度。

"反思"的思想维度当然也有自己的思想对象，但这个思想对象就是思想本身，或者说思想本身成为思想的对象。

"反思"把思想作为思想的对象，这是一种怎样的思想维度？

首先，"反思"是思维对存在的一种特殊关系。思维对存在的反思关系，就是思维把"思维和存在的关系"作为"问题"来思考。

人与世界的关系，从总体上看可以归结为两种基本关系，一是认识关系，二是实践关系。所谓认识关系，就是在观念中实现思维与存在的统一，掌握事物的本质、规律和必然。所谓实践关系，就是在行动中实现思维与存在的统一，把人的目的性要求变成客观的现实，让世界满足人的需要。

无论是在认识中达到思维和存在的统一，还是在实践中实现思维与存在的统一，都表现了思想的一个维度——思维与存在统一的维度，即形成关于对象的思想的维度——试想一下，无论是在生产劳动和经验累积中，还是在技术发明和工艺改进中，无论是在科学探索和艺术创作中，还是在日常生活和道德践履中，有谁会把"思维和存在的关系"作为"问题"来思考？恰好相反，我们总是以"思维和存在的统一"作为无须考虑的前提而去进行认识活动和实践活动的。恩格斯的一个有名的论断，非常深刻地说明了这个问题。他说："我们的主观的思维和客观的世界遵循同一些规律，因而两者在其结果中最终不能互相矛盾，而必须彼此一致，这个事实绝对地支配着我们的整个理论思维。这个事实是我们的理论思维的本能的和无条件的前提。"① 正是因为人们把"思维和存在的统一"作为"不自觉的和无条件的前提"，才能心安理得地、放心大胆地去认识世界和改造世界。

这就好比说，有人问你：你看到的太阳就是太阳、你看到的月亮就是月亮吗？你用的桌子就是桌子、你坐的椅子就是椅子吗？你一定觉得这是些稀奇古怪的问题，甚至怀疑发问者是否精神出了毛病。那么，你为什么觉得这些问题"稀奇古怪"呢？你为什么认为发问者"不正常"呢？这就是因为，"思维和存在的统一"，在你的头脑中是一个"不自觉的和无条件的前提"，因而是一个不

① 《马克思恩格斯选集》第4卷，人民出版社1995年版，第364页。

成问题的问题、不能发问的问题。

然而，一旦我们把这些不成问题的问题当作问题、把这些不能发问的问题当作非问不可的问题，"思维和存在的统一"就成了问题：人的思维为什么能够认识存在？思维所表达的存在是不是存在本身？思维与存在统一的根据何在？思维怎样实现与存在的统一？思维与存在是否统一如何检验？不仅如此，由于上述的追问，还会引发更多的、几乎是无尽无休的追问：人的知识在思维和存在的统一中起什么作用？人的情感在思维和存在的统一中起什么作用？人的意志在思维和存在的统一中起什么作用？人的知、情、意在思维和存在的关系中如何统一？人的真、善、美在思维和存在的关系中如何统一？区别真、善、美与假、恶、丑的标准是什么？"我思故我在"吗？"存在就是被感知"吗？"人是万物的尺度"吗？"理性是宇宙的立法者"吗？"语言是世界的寓所"吗？"科学是世界的支点"吗？"世界就是人所理解的世界"吗？人类能够"认识自己"吗？

提出和追问这些问题，就是思维把"思维和存在的关系"作为问题来思考，就是思想把思想自身作为对象来思考，就是思想的另一个维度——反思。

　　反思并不神秘，科学家在科学探索的过程中，总会出现这样的情况：他不是把"存在"作为对象去研究，而是反问自己，我的观念中的客体到底是不是对象本身？这就是思维把"思维和存在的关系"作为"问题"来进行"反思"。比如，爱因斯坦和玻尔关于量子力学的争论就是这种"反思"的争论。这个问题是：微观粒子只有通过宏观仪器的中介作用才能被人观察到，那么，究竟人所看到的是微观粒子本身，还是微观粒子经过宏观仪器的"显现"？同样，艺术家在艺术创作的过程中，也会出现这样的情况：我在创造美，但"美"究竟是什么？美是对象的属性？美是主体的感受？美是对象属性与主体感受的统一？为什么同样的艺术品人们的感受不一样？为什么"一千个读者就有一千个哈姆雷特"？这样，艺术家的思考就进入了美学的反思。同样，每个人在日常生活中，也会出现这样的情况：不仅生活着，而且追问生活的意义；不仅劳作着，而且追问劳作的价值；不仅追求着，而且追问追求的根据；不仅作出某种判断（例如孰是孰非），而且追问作出这种判断的标准（依据什么断定此是而彼非或昨是而今非等等）。在这种思考中，"思维和存在的统一"就成了"问题"，也就是对"思维和存在的关系"的"反思"。

其次，"反思"是对"知识"的一种特殊关系。它不是通过"思维和存在的统一"去形成知识，而是把形成了的知识作为批判的对象，从而变革既有的知识。

人类所创建的全部科学——数学、自然科学、社会科学、人文科学、思维科学等——都是通过"思维和存在的统一"为人类提供"知识"，为人类建构科学的世界图景。人类把握世界的各种基本方式——经验、常识、艺术、伦理和科学——也都是通过"思维和存在的统一"为人类提供方方面面的知识，为人类建构丰富多彩的"经验世界""常识世界""艺术世界""伦理世界"和"科学世界"。由此可见，是"思维和存在统一"的"知识"，构成人类的世界、人类的文明以及人类的进步与发展。没有知识，就没有人类的一切。正因如此，"知识就是力量"成为现代人类的座右铭。

然而，人类的知识究竟是如何发展的？它只是一个累积增加的过程吗？它只是一个不断收获的过程吗？不是。知识的发展过程，是批判与建构的统一，是肯定与否定的统一，是渐进与飞跃的统一。知识的批判、否定和飞跃，集中地表现了人类思维的另一个维度——反思的维度。

思想的自我反思从来不是抽象的。思想，从根本上说，就是构成思想内容的知识；反思，在其现实性上，就是对构成思想内容的知识的否定、批判和超越。

知识是人类认识的历史性成果，它总是一种"合法的偏见"。提出"科学始于问题"的当代科学哲学家卡尔·波普（一译卡尔·波普尔），经过对科学知识及其进化的长期研究，提出了许多令人深思的看法。他认为，"科学是可以有错误的。因为我们是人，而人是会犯错误的"。"人们尽可以把科学的历史看做发现理论，摈弃错了的理论并以更好的理论取而代之的历史。""任何科学理论都是试探性的，暂时的，猜测的；都是试探性假说，而且永远都是这样的试探性假说。"

为了防止人们对这些看法的误解，波普还特别作出了两方面的解释：其一，"不应当把我的观点误解为我们不能达到真理"。"既然我们需要真理，既然我们的主要目标是获得真实的理论，那么我们就必须想到这样的可能性，即我们的理论，不管目前多么成功，都并不完全真实，它只不过是真理的一种近似，而且，为了找到更好的近似，我们除了对理论进行理性批判以外，别无他途。"其二，"理性批判并不是针对个人的，它不去批判坚持某一理论的个人，它只批判理论本身。我们必须尊重个人，以及由个人所创造的观念，即使这些观念错了。如果不去创造观念——新的甚至革命性的观念，我们就会永远一事无成。但是既然人们创造了并阐明了这种观念，我们就有责任批判地对待它们。"①

在人们的通常理解中。科学是"建立在事实基础上的建筑物"。因此，人们往往把科学理论、科学知识看作是一种纯粹"客观的""中性的""确定的东西"。似乎科学活动所使用的概念和方法不是人类历史活动的产物，似乎科学活动凭借的观察和实验与观察和实验的主体无关。似乎科学知识所提供的世界图景具有终极存在的性质。于是，"科学""理论""知识"，都变成了与人无关的"X"——它存在着，问题只在于我们是否找到了它；找到了它，我们就被真理照亮了；尚未找到它，就继续寻找它。这种理解，正是反思维度的缺失和批判精神的匮乏。

事实上，科学史、艺术史、哲学史乃至整个人类思想史，都是一部自我反思、自我批判、自我超越的历史。

科学的发展主要表现在两方面：一是新的理论必须具有向上的兼容性，即能够对原有的理论作出更为合理的理论解释；二是新的理论必须具有论域的超越性，即能够提

① 卡尔·波普尔：《科学知识进化论》，三联书店 1987 年版，前言部分。

出和回答原有的理论所没有提出或没有解决的问题。前者，属于原有逻辑层次上的理论的延伸、拓宽和深化；后者，则要求变革原有的思维方式，实现逻辑层次上的跃迁。科学的自我反思和自我批判就是在这两个层次上展开的。

当代科学哲学家伊姆雷·拉卡托斯提出，任何一个科学研究纲领，都是由一套方法论规则构成。这套方法论规则包括两个部分，一部分是由一系列相互联系的基本原理构成的"理论硬核"，另一部分是由许多辅助性假说和初始条件构成的"保护带"。借用拉卡托斯关于"研究纲领"的"理论硬核"与"保护带"的区分，我们可以这样来理解两个层次的科学自我批判：如果科学的自我批判只是指向作为"保护带"的"辅助性假说"，那就是在原有的逻辑层次上实现理论的拓宽与深化；如果科学的自我批判指向并修正了"理论硬核"，那就是实现了科学理论逻辑层次的跃迁。

科学理论逻辑层次的跃迁，其实质是对人们一向奉为天经地义的"公理"的挑战。在科学发展史上，日心说之于地心说，进化论之于创生论，非欧几何之于欧氏几何，相对论和量子物理学之于经典物理学，剩余价值学说之于古典政治经济学，科学社会主义理论之于空想社会主义学说，都可以说是对"公理"的挑战，并以新的"公理"取代旧的"公理"（包括把旧"公理"作为新"公理"的特例而容涵于新公理之中）。正因如此，科学的发展不仅是知识内容的累积和增长，而且是科学世界图景的转换、理论思维方式的变革和价值规范模式的更新。

反思就是思想的自我批判。这种思想自我批判的真正对象，并不是"看得见"的思想内容，而是"看不见"的思想的根据——构成思想的"前提"。

2. 思想的"看不见的手"

"我知道我在想什么。"这就是说，每个人不仅有思想、在思想，而且知道自己有什么思想、在思想什么。

如果追问一句："你为什么有这种思想？你为什么会这样思想？"这该如何回答呢？

也许你会回答：别人讲的，书里写的，自己想的，如此等等。如果再追问一句：别人为什么这样讲，书里根据什么这样写，自己为何会这样想？这又该如何回答呢？

也许你会非常厌烦或不以为然地说：别人就这么讲的，书里就这么写的，自己就这么想的，谁知道为什么。

确实，追问"为什么"是一件令人头痛和使人厌烦的事情。然而，如果不加追问又会如何呢？在《批判理论》一书中，霍克海默说："人的行动和目的绝非盲目的必然性的产物。无论科学概念还是生活方式，无论流行的思维方式还是流行的原则规范，我们都不应盲目接受，更不能不加批判地仿效。"在《思想家》一书中，I. 伯林更为尖锐地指出："如果不对假定的条件进行检验，将它们束之高阁，社会就会陷入僵化，信仰就会变成教条，想象就会变得呆滞，智慧就会陷入贫乏。社会如果躺在无人质疑的教条的温床上睡大觉，就有可能会渐渐烂掉。要激励想象，运用智慧，防止精神生活陷入贫瘠，要使对真理的追求（或者对正义的追求，对自我实现的追求）持之以恒，就必须对假设质疑，向前提挑战，至少应做到足以推动社会前进的水平。"

也许有人会说：看，你们不是正在引用"别人说的"和"书里讲的"吗？但这"书里讲的"，却正是要我们追问"为什么"。

那么，究竟为什么人们会想这些（而不是想那些）、这样想（而不是那样想）呢？当代解释学大家伽达默尔向我们揭示了这个奥秘："前理解"是一切理解的"前提"。

"前理解"，是指构成人的思想活动即理解活动的先决条件。按照伽达默尔的说法，这种决定人的思想活动的先决条件，主要包括三方面：一是历史与文化对个人的占有。人是社会性的存在，就意味着人是历史的存在，文化的存在。人总是生活在一定的历史条件之中，生活在一定的文化传统之中。离开历史与文化，人就不是现实的存在，而是一种抽象的、生物的存在。人之所以为人，首先在于历史与文化"占有"了个人，使个人成为历史文化的存在。历史与文化，就是伽达默尔所说的构成人的思想的先决条件的"先有"。二是语言、观念及语言结构对个人的占有。无论我们想什么，也无论我们怎样想，总是要用语言去想，总是在想语言的意义。但是，语言并不是思想的工具，而是历史文化的"水库"。语言保存着历史、传统和文化，语言使人成为真正的历史与文化的存在。因此，不是我们"使用"语言，而是语言"占有"我们。语言，就是伽达默尔所说的构成人的思想的先决条件的"先见"。三是已知的知识、假定、观念对个人的占有。人作为历史文化的存在，不是以"白板"式的头脑去思想，不是从一无所有的"无知"去走向"有知"。恰好相反，每个人都是从给定的"已知"——如霍克海默所说的"科学概念""生活方式""思维方式"和"原则规范"——去推知"未知"。

已有的知识作为思想的前提而构成思想的活动。这就是伽达默尔所说的构成人的思想的先决条件的"先知"。

"先有""先见"和"先知"，作为人的思想和思想活动的先决条件而成为思想的前提。正是这些思想的前提决定着我们"想什么"和"怎么想"。

但是，人们通常并不是这样来看待自己的思想。在人们的通常理解中，总认为是我们去占有历史文化，而不是历史文化占有我们，因而以为是我们的思想在选择历史文化；总认为是我们在使用语言，而不是语言在占有我们，因而以为是我们的思想在选择语言；总认为人的思想是从无知到有知，而不是从已知到未知，因而以为是我们的思想在选择思想。

当然，历史、文化、语言和知识占有我们的过程，就是我们"理解"历史、文化、语言和知识的过程。伽达默尔说："理解并不是一种复制的过程，而总是一种创造的过程"。因此，在"理解"的过程中，历史文化占有了我们，我们也创造了新的历史文化。这就是伽达默尔所说的"历史视野"与"个人视野"的融合，就是由这种融合所形成的"意义的世界"。

但是，不管在历史文化占有我们的过程中，我们如何改造了历史文化，历史文化总是作为思想的先决条件而构成了思想的前提。尤其值得深入思考的是，历史、语言、文化作为"先在""先见""先知"，并不仅仅是作为既有的知识而规范人的思想，更重要的是，化为人的思维方式、语言结构、价值态度和审美情趣而构成人们"想什么"和"怎样想"的思想前提。这才是真正的思想的"看不见的手"。

思想的"看不见的手"，是构成思想内容、从而也是超越思想内容的根据和原则，是思想得以形成和演化的立足点和出发点，它普遍地存在于一种思想之中。试想一下，为什么一提到"科学"，人们就会马上想到"真的""对的""好的""合理的""正确的"？反之，一说是"非科学"，为什么立刻想到"假的""错的""坏的""不合理的""不正确的"？进一步说，为什么一提到"科学"，自然地就想到"自然科学"，略加思索或经人提示才会想到"社会科学"和"人文科学"？为什么一讲"科学普及"，就想到普及自然科学知识，而很少想到普及科学还包括社会科学？为什么一说"概括科学成果"就以为是概括自然科学成果，而根本想不到社会科学也是应该（和可以）概括的？这就是思想中的"看不见的手"在规范着思想。

其实，"科学"不也是人类的一种活动吗？不也是"合法的偏见"吗？不也是在自我批判中发展的吗？"艺术"是"非科学"，但艺术是假的、错的、坏的吗？社会科学同样是"科学"，为什么总把它视为"准"科学、"软"科学甚至是"伪"科学呢？这是因为，近代以来的实验科学（或者说实证科学），愈来愈成为人类文明发展的决定性力量。它不仅作为知识体系构成人的科学世界图景，而且作为科学方法构成人的思维方式，作为科学规范构成人的价值观念。实验科学所具有的精确化、定量化、实证化、实用化和操作化，成为人们判断科学与否的标准。美国的一位科学哲学家就曾这样发问：如果所谓的社会科学并不具有自然科学的客观性（表述客观实在）、一致性（科学家取得同样的观察结果）、可证伪性（科学理论能够被观察或实验证明为错）、可预见性（科学理论可以预见新的经验事实），为什么把它称作"科学"呢？显而易见，这位学者正是以实验科学的标准作为构成思想的前提，从而形成了"社会科学不是科学"的思想。

把思想的前提称作"看不见的手"，不仅是因为它具有思想的普遍性，更在于它在思想中的"隐匿性"，以及它对思想的"强制性"。隐匿性和强制性，是思想中的"看不见的手"的两大基本特点。

构成思想的前提，是"幕后的操纵者"，而不是"前台的表演者"，这就是它的"隐匿性"。人们在思想的过程中，思的是思想的对象，想的是思想的内容，而不是构成思想的前提。这就如同在评论一个人的时候，我们说他（她）"好"或"坏""善"或"恶""美"或"丑"，往往只是作出这种判断，而不必"反思"作出这种判断的根据，更不必追问什么是好、善、美，什么是坏、恶、丑。因为，作出判断的那个根据，构成思想的那个前提，自发地在发挥它的"幕后操纵者"的作用。于是，我们所做出的判断就"不证自明""不言而喻"了。

构成思想的前提，虽然是"隐匿性"的存在，却具有逻辑的、情感的、意志的"强制性"。思想的前提，首先是作为逻辑的支点去构建思想的逻辑——由某种前提出发，必然形成某种思想。不合逻辑的思想，是思想所排斥的。而合乎逻辑的思想，则是由逻辑的支点所构成的思想。在相互争论中，争论的双方常常指斥对方"不可理喻"。其实，不是不可理喻，反倒是各以自己的"理喻"——各由自己的逻辑支点去构建自己的逻辑。这就是思想前提的"逻辑强制性"。与此同时，思想前提作为价值态度和审美情趣等等，又具有情感的和意志的强制性。

正是由于思想中的"看不见的手"具有普遍性、隐匿性和强制性的特点，对思想前提的反思也具有三个基本特点：一是以思想的反思维度去批判地考察全部思想，不断地扩展思想的前提批判；二是从思想的反思维度去揭示思想所隐含的构成其自身的根据或原则，使思想前提由"幕后的操纵者"变为"前台的表演者"，成为可批判的对象；三是以反思的逻辑去"审讯"这个走上"前台的表演者"，迫使它对自身作出不可逃避的辩护，从而解除它作为思想支点的逻辑强制性。

由此可见，思想的反思维度，不只是思想自我批判的维度，更重要的是思想的前提批判的维度。

3. "酸性智慧"

酸，特别是硝酸、硫酸等强酸具有强烈的腐蚀性作用，因而可以利用硫酸跟金属氧化物起反应的性质，来除去金属表面的氧化物，使金属的光泽得以重现。

思想，在种种流行的观念、时髦的话语或陈腐的意识的侵蚀中，也许比金属更容易形成锈渍斑斑的"氧化物"，因而也需要一种"酸性"的东西来不断地予以清除。

这种思想中的"酸",就是思想的反思的维度、批判的维度。反思,是人类思想的"酸性智慧"。

"酸性智慧"有两层含义:其一,反思的智慧是"酸性"的智慧。这就是说,思想的反思维度不是形成知识、构建知识和积累知识,而是"反其道而行之",批判地对待全部的知识,并以"酸"的性质清除束缚和禁锢思想的陈腐的"知识",以"酸"的性质清除"过眼烟云"的流行的"知识"。其二,反思的"酸性"是智慧的"酸性"。这就是说,思想的反思维度不是"强制性"地清除思想的"氧化物",而是以"智慧"的方式去消解思想的尘垢,并以"智慧"的方式去重现思想的"光泽"。

思想的"酸性智慧",也许可以追溯到古希腊的苏格拉底那里。

苏格拉底被黑格尔称为"具有世界历史意义的人物"。他的宽大的额头,成为他的形象特征,也成为他的智慧象征。他的一生清心寡欲,淡泊宁静;他的思想却卓尔不群,"离经叛道"。结果,被古希腊的城邦法庭判处死刑。苏格拉底从容赴死,临刑前仍与门徒高谈阔论,试图把人们引进更为高尚的真理的境界。据说,苏格拉底咽气前的最后一句话,是叮嘱门徒代他还给欠别人的鸡钱。这几乎成了颂扬苏格拉底高尚人格的千古美谈。

苏格拉底不认为自己"有智慧"，而认为自己是"爱智慧"。他说："我只知道一件事，那就是我一无所知。"在他看来，当一个人学会怀疑，尤其是怀疑自己珍视的信念、教义和原则的时候，哲学就出现了。谁知道这些珍视的信念是怎么在我们的思想中变成如此确定无疑的？谁知道这一定不是某种心愿在从中作梗、为愿望披上思想的外衣而引起的呢？苏格拉底自称无知，向人请教，并在发问中使对方陷入"矛盾"的状态。结果，原以为的有知是无知，无知到无知而不自知的程度。人们原以为，什么是真，什么是善，什么是美，什么是道德，什么是正义，是天经地义、不言而喻的。然而，经过苏格拉底的"辩证法"的"盘诘"，人们心目中的这些坚定不移的东西动摇起来，不得不沿着"反思"的维度去思考。

苏格拉底的这种"爱智"，确实是一种"酸性智慧"。经过爱智的辩证与盘诘，传统观念遭受了严厉的审视和有力的批判，对人们的精神起着一种震撼的作用，启示人们以理性的而不是信仰的态度去对待传统观念，使人们获得一种洗心革面、脱胎换骨的感觉。这在当时，使古希腊人唤醒了自我感，形成了强烈的主体意识。这表明："只有当心灵转过身来，直面自己，审视自己的时候，真正的哲学才会出现。"① 因此，苏格拉底说：认识你自己。

"认识自己"，就是扫除种种"遮蔽"，就需要反思的"酸性智慧"。苏格拉底的学生柏拉图，曾是一位身材魁伟、英勇善战的战士，但却在老师的"辩证"智慧中感受到了无限的魅力。看到老师用尖锐的问题击中对手的要害，"戳穿僵死的教条和武断的设想"，他感到惬意极了。② 柏拉图成为智慧的热烈追求者。

苏格拉底的辩证法，辩来辩去，最后总是要人回答：真善美或正义勇敢德性"是什么"，也就是要求人们给概念下定义。柏拉图由此提出，既然各种各样的"美的事物"都不是"美本身"，这就是说，人不能凭借感官经验，而必须诉诸抽象思维，才能形成关于"美"的认识。于是，柏拉图提出："事物，可见不可知；理念，可知不可见"。感官感觉到的事物，对理性思维来说是"非存在"；理性思维认识到的理念，对感官经验来说是"非存在"。这样，就把世界的"存在"与"非存在"同感知事物现象的"感性"与把握事物本质的"理性"联系起来。于是，

---

① 杜兰特：《哲学的故事》，文化艺术出版社 1991 年版，第 12 页。
② 同上，第 18 页。

苏格拉底的"认识你自己"，就获得了真实的对象：人的感性与理性的矛盾。

人们都知道，"知识就是力量"，是近代哲学开拓者之一弗兰西斯·培根的名言。但是，人们却不甚了解这句名言的真实意义。培根认为，人类的力量在于智力；发挥智力必须首先"澄清智力；而澄清智力，就要找出并阻断谬误的来源"。孔狄亚克曾做过这样的评论："没有人比培根更了解人类犯错误的原因。"培根的著名的"四假相说"，就是他以反思的"酸性智慧"，对"人类犯错误的原因"的揭示，对人类智力的"澄清"。

所谓"四假相"，就是"种族假相""洞穴假相""市场假相"和"剧场假相"。正是这"四假相"，构成了人类犯错误的根源。

人类作为一个种族，总是具有"人类中心主义"，认为"人是万物的尺度"。培根则提出，"人的所有知觉，包括感官的和理智的知觉，所涉及的只是人，而不是宇宙。人的头脑类似于那些表现凹凸不平的镜子，它们把自己的特性赋予了不同的对象"，"使它们扭曲、变形"。"人类理解力由于其特殊的本质，很容易夸大事物实际上的秩序及规律的程度。""任何一个命题一旦被提出（无论是由于得到普遍承认和信仰还是由于它能令人愉快），人类的理解力便会强迫每一件其他的事为之添加新的支持和旁证。而且，即使有非常令人信服的大量例证表明事实正好相反，但人们对这些实例要么视而不见，要么嗤之以鼻，要么用个别的差异来排斥和拒绝它们。人们总是怀着强烈的有害偏见，不肯放弃先入为主的成见。"这就是所谓"种族假相"。

"洞穴假相"则是指因人而异的错误。培根说，"每个人都有自己的洞或穴，它会使自然的光线产生折射并改变颜色。"这个"洞穴"，就是由天性加上教养，以及个人的身心状态所形成的性格。例如，有的人长于分析，因而到处看到差异；有的人善于综合，因而随时看到相似；有些人的情趣表现出对古董的无限的倾慕，有些人则急不可待地拥抱新奇。正是人人皆有自己的"洞穴"，便难以逾越个人的成见。

"市场假相"，是指由于语言及其表达所造成的错误。这种错误来自"人与人之间的交往和联系"，所以称作"市场假相"。人们用语言交谈，"而词语的含义是根据一群人的理解强加在个人头脑之中的，不好的和不恰当的词语会对人的思想产生奇怪的阻碍"。

"剧场假相"，是培根用来特别地批判先前的哲学的。

他说："所有的得到公认的哲学体系，都只不过是一些舞台上的戏剧，代表了哲学家们以虚构和戏剧手法创造出来的各种世界。""在哲学剧场上演的剧目中，你所观察到的事物与在诗人剧场中所能看到的完全相同，——舞台上表现出来的故事比现实更缜密、精美，它们更符合我们的愿望，而不是历史的事实。"因此，培根把那些"从哲学家们的各种教导和错误的演示规则中移入人们头脑的"假相称作"剧场假相"。这既体现了培根对以往的哲学、特别是中世纪经院哲学的批判，又表达了培根对冲破精神世界的局限、创建新的哲学的渴望。正是为了寻求符合近代实验科学要求的新的推理方式和新的理解工具，培根系统地形成和提出了归纳方法。

在今天看来，培根关于"四假相"的阐释，也许大有可以商榷之处。但是，"四假相说"所表现的"酸性智慧"，却具有思想自我批判和自我超越的永恒价值。"一个人如果从肯定开始，就会走向怀疑；但如果他从怀疑出发，就将以肯定为归宿"。这大概就是不破不立的道理。

4. 消解"超历史的非神圣形象"

反思的"酸性智慧"，是"洗涤"思想和文化"尘垢"

的智慧，因而也就是"澄明"思想和文化的智慧，创造思想和文化的智慧。

人类的历史，如果可以用最简洁的概念来予以概括，那就是马克思所说的"追求自己的目的的人的活动过程"。这个过程，是把"人属的世界"变成"属人的世界"的过程，是把"自在的存在"变成"为我的存在"的过程。这就是世界的"人化"过程。

"人化"，就是以人的智力、情感、意志、目的及其实践活动来"化"世界，把世界"化"成人所希望和要求的样子。这就是人所创造的文明化了的世界，即"文化"的世界。

文化是由前人创造和传递的一个整体。它作为"传统"或"模式"，规范着后人的认识活动和实践活动。这样，在文化传统与个人活动之间，就构成了一种既要求稳定性又要求变化性的微妙关系：如果无视传统和排斥传统，个人活动就会失去必需的支撑条件，导致群体的或社会的分裂与崩溃；如果以僵化的态度对待传统，用过度一体化的文化模式去限制个人活动，个人的创造活动就会被淹没。

在人类的历史上，任何文化传统或文化模式，本来都是（并且只能是）历史性的存在；但是，所有的文化传统或文化模式，却总是（毫无例外地是）以"超历史"的面目而存在于历史性的传递之中，由此便构成了"超历史"的"神圣形象"或"非神圣形象"对人的限制与控制，甚至造成马克思所说的人的"异化"状态。人类思想的反思维度即"酸性智慧"，则是从思想上消解这种"异化"状态的"解毒剂"。

人类的智力活动——以概念的方式把握世界的活动，通过抽象概括以形成关于世界的知识的活动——是一种追求普遍性的活动。苏格拉底曾经说过，"单一的东西是概念表达的主题"。全部的科学活动，从根本上说，就是寻求一般以说明个别、寻求本质以解释现象、寻求必然以理解偶然、寻求统一以把握杂多、寻求规律以预测未来的人类活动。

毫无疑问，这种抽象化和普遍化的智力活动，对于人类的生存与发展是非常重要的。然而，在这种抽象化和普遍化的智力活动中，却隐含着一种极大的危险性。这就是：把抽象的"普遍性"当作真实的存在，而把现实的"个体性"视为虚幻的存在；把抽象的"观念"当作目的与意义，而把现实的"个人"视为实现这些观念的载体与手段。这就是"观念"对"个人"的统治，或者说"个人"

在"观念"中的"异化"。

"个人"在"观念"中的"异化",主要有两种情况:一是在所谓"神圣形象"中的异化,一是在所谓"非神圣形象"中的异化。对于这种异化状况及其克服,马克思在《〈黑格尔法哲学批判〉导言》中,都作了精辟、精彩的阐述。

所谓"神圣形象",就是披着神圣的外衣,打着神圣的油彩的形象,这就是宗教中的"上帝"形象。对于这种"神圣形象",马克思说,"人创造了宗教,而不是宗教创造了人。"对此,马克思进一步解释说,"宗教是还没有获得自身或已经再度丧失自身的人的自我意识和自我感觉。"① 这就是说:人给自己创造了宗教,并给"上帝"披上了无所不知的神圣的外衣,又给"上帝"打上了无所不能的神圣的油彩,从而把"上帝"制造成洞察一切、裁判一切的神圣形象;人创造这种神圣形象,是因为人还没有"获得自我",或是"再度丧失了自我",即人还没有形成主体的自我意识,却把人自己的本质"对象化"给了"上帝"。

这是多么精辟而又精彩地对"神圣形象"的揭示!在

① 参见《马克思恩格斯选集》第1卷,人民出版社1995年版,第1页。

现实生活中，人们不是经常会有这种"自我意识和自我感觉"吗？当我们感到命运之舟不是掌握在自己的手中，而是被某种异在力量控制的时候，不是很容易产生某种"宗教情绪"吗？马克思说："宗教是这个世界的总理论，是它的包罗万象的纲领，它的具有通俗形式的逻辑，它的唯灵论的荣誉问题，它的狂热，它的道德约束，它的庄严补充，它借以求得慰藉和辩护的总根据。"①而宗教之所以能够傲然端坐在如此神圣的位置上，是因为"宗教把人的本质变成了幻想的现实性，因为人的本质没有真实的现实性"。幻想的现实性，根源于真实的非现实性；上帝的神圣性，根源于人的非主体性。因此，马克思由对宗教的批判而引申出对现实的批判——"反宗教的斗争间接地就是反对以宗教为精神慰藉的那个世界的斗争"。

人们常常孤零零地抽取"宗教是人民的鸦片"这句话来说明宗教的本质和马克思的宗教观，因而难以深切地理解马克思的思想，从而难以深切地理解宗教的根源与本质，更难以深切地理解批判宗教的根据与意义。由于马克思本人的论述是我们的解释所无法替代的，特把马克思的论述照录如下：

---

① 参见《马克思恩格斯选集》第 1 卷，人民出版社 1995 年版，第 1 页。

宗教里的苦难既是现实的苦难的表现，又是对这种现实的苦难的抗议。宗教是被压迫生灵的叹息，是无情世界的心境，正像它是无精神活力的制度的精神一样。宗教是人民的鸦片。

废除作为人民的虚幻幸福的宗教，就是要求人民的现实幸福。要求抛弃关于人民处境的幻觉，就是要求抛弃那需要幻觉的处境。因此，对宗教的批判就是对苦难尘世——宗教是它的神圣光环——的批判的胚芽。

这种批判撕碎锁链上那些虚构的花朵，不是要人依旧戴上没有幻想没有慰藉的锁链，而是要人扔掉它，采摘新鲜的花朵。对宗教的批判使人不抱幻想，使人能够作为不抱幻想而具有理智的人来思考，来行动，来建立自己的现实；使他能够围绕着自身和自己现实的太阳转动。宗教只是虚幻的太阳，当人没有围绕自身转动的时候，它总围绕着人转动。①

---

① 《马克思恩格斯选集》第1卷，人民出版社1995年版，第2页。

　　这段优美精彩的文字，包含着马克思对人民的深情，蕴含着深沉的哲理。确实，宗教之所以能够存在，是因为它是"被压迫生灵的叹息""无情世界的感情"；批判"装饰在锁链上的那些虚幻的花朵"，绝不是为了带上"没有任何乐趣任何慰藉的锁链"；抛弃"幻想的幸福"，是要求"现实的幸福"；抛弃"关于自己处境的幻想"，是要求抛弃"需要幻想的处境"。因此，马克思提出：

　　　　谬误在天国为神祇所作的雄辩一经驳倒，它在人间的存在就声誉扫地了。一个人，如果想在天国这一幻想的现实性中寻找超人，而找到的只是他自身的反映，他就再也不想在他正在寻找和应当寻找自己的真正现实性的地方，只去寻找他自身的映像，只去寻找非人了。

　　　　……

　　　　因此，真理彼岸世界的消逝以后，历史的任务就是确立此岸世界的真理。人的自我异化的神圣形象被揭穿以后，揭露具有非神圣形象的自我异化，就成了为历史服务的哲学的迫切任务。于是，对天国的批判变成对尘世的批判，对宗教的

批判变成对法的批判，对神学的批判变成对政治
的批判。①

熟悉马克思的思想历程的人都知道，马克思在批判宗
教——"人的自我异化的神圣形象"——的基础上，系统
地批判了资本主义的"尘世""法"和"政治"——"非
神圣形象中的自我异化"。而为了对资本主义进行"武器
的批判"，马克思又系统地展开了对德国古典哲学、英国古
典政治经济学和英法空想社会主义学说的批判，从而锻造
了"批判的武器"——关于人类解放的学说。

一个半世纪过去了，人类社会取得了长足的进步，人
类文明取得了辉煌的成果，世界迅速地"人化"或"文
化"了。然而，消解人在"非神圣形象"中的"自我异
化"，却是一个艰难曲折的漫长过程。

当代西方马克思主义的代表人物马尔库塞，写过一部
批判当代的"非神圣形象"的名著。这部书的名字就很有
意思，很耐人寻味——《单向度的人》。

马尔库塞的这部著作，是对当代发达工业社会的批判。
他认为，当代发达工业社会是一种新型的极权主义社会，

—————————
① 《马克思恩格斯选集》第 1 卷，人民出版社 1995 年版，第 1—2 页。

生活于这个社会之中的人已经失去想象与现实生活不同的另一种生活的能力，因而是丧失了否定、批判和超越能力的"单向度的人"。

在马尔库塞看来，这种所谓"单向度的人"，首先是现代发达工业社会使人的生活方式同化起来的结果。"工人和老板享受同样的电视节目，漫游同样的风景胜地，打字员同她雇主的女儿打扮得一样漂亮，连黑人也有了高级轿车。"这就使得流行的生活方式成为没有选择的生活方式，并使得人们不再想象另一种生活方式。

同样，在文化领域，由于文化的商品化、商业化、工业化和市场化，"文化中心变成了商业中心"。以电视为主要传媒的大众消费文化、消遣文化、娱乐文化同化了以理想性为旨趣的高层文化；以广告形象为主要标志的泛审美形象取代了以超越性为特征的"诗意的审美形象"。表达理想性和超越性的高层文化被大众消费文化所淹没，从而失去文化的反思的维度。

在思想领域，实证主义和科学主义，把思想简化为操作的程序和共同的符号，把语言清洗为逻辑化的、精确化的、单一性的人工语言，从而把多向度的思想变成单向度的思维模式，把多向度的语言变成单向度的话语方式。由

于人们的话语方式也就是他们的思维方式和行为方式，单
向度的语言也就构成了单向度的思想和单向度的行为，人
也就成了单向度的人。

马尔库塞曾引证行为主义者布里奇曼关于"长度"概
念的分析来说明操作主义的本质及其对社会的广泛影响。
我们不妨也把布里奇曼的论述照录如下：

> 如果我们能够说明任一物体的长度，那么，
我们显然知道我们所谓的长度是什么意思，对物
理学家而言，没有必要做更多的解释。要确定一
个东西的长度，我们必须进行某种物理操作。当
测量长度的操作完成后，长度的概念也就确定了，
就是说，长度的概念正好意味着、也仅仅意味着
确定长度的一整套操作。总之，我们所说的任何
概念其意思就是一整套操作；概念等同于一套相
应的操作。
>
> ……

采用操作主义观点的意义远不止于对"概念"意义的
理解，而是意味着我们整个思想习惯的深刻变化，意味着

我们不再容许在思想概念里把我们不能用操作来充分说明的东西当作工具来使用。①

这种操作主义的、行为主义的、工具主义的思维方式，拒斥理性的超越性、思想的否定性和语言的多样性，把语言、思想和文化清洗为单一的向度；而这种"单一的向度"——工具主义的思维方式——却成为统治人的思想的"非神圣形象"，人则在这种"非神圣形象"中变成了失去思想的否定性、批判性和超越性的"单向度的人"。

在当代西方发达工业社会，面对种种"非神圣形象"，出现了一种所谓"后现代主义"思潮。这种思潮已经在我国产生了广泛的影响。分析一下这种思潮，也许会有助于我们对批判当代的"非神圣形象"的理解。

人们常常把西方近代以来的文化称作"后神学文化"，即神学占有统治地位之后的文化。它的基本的时代内涵，是消解人在超历史的"神圣形象"中的自我异化，也就是把异化给神的人的本质归还给人自己。这就是所谓"人的发现"。但是，人们逐渐发现，消解了人在"神圣形象"中的自我异化，却又用对"非神圣形象"（理性、哲学、科学等）的崇拜，去代替了对"神圣形象"（如上帝）的

_____

① 转引自马尔库塞：《单向度的人》，上海译文出版社 1989 年版，第 13 页。

崇拜，因而仍然是以种种"超历史的存在"来规范人的思想和行为。所谓"后现代主义"，从根本上说，就是试图消解这些超历史的"非神圣形象"，从而在观念上挺立个人的独立性和文化的多样性，在思想上确立批判的、反思的维度。

后现代主义思潮有三个最重要的代表人物，即美国人罗蒂、法国人福柯和德里达。他们主要是在哲学的层面反对所谓表象主义、基础主义、本质主义、结构主义和中心主义等等。其中，最有代表性的是德里达的以"边缘"颠覆"中心"，福柯的以"断层"取消"根源"，罗蒂的以"多元"代替"基础"。这里，我们以罗蒂的反表象主义和反基础主义为例，来简略地透视这种后现代主义思潮。

罗蒂有两本书在我国知识界产生了重要影响。一本题为《哲学和自然之镜》，另一本题为《后哲学文化》。在前一本书中，罗蒂提出："哲学家们常常把他们的学科看成是讨论某些经久不变的永恒性问题的领域——这些问题是人们一思索就会涌现出来的。其中，有些问题关乎人类存在物和其他存在物之间的区别，并被综括为那些考虑心与身关系的问题。另一些问题则关乎认知要求的合法性，并被综括为有关知识'基础'的问题。去发现这些基础，就是去发现有关心的什么东西，反之亦然。因此，作为一门学科的哲学，把自己看成是对由科学、道德、艺术或宗教所提出的知识主张加以认可或揭穿的企图。它企图根据它对知识和心灵的性质的特殊理解来完成这一工作。哲学相对于文化的其他领域而言能够是基本性的，因为文化就是各种知识主张的总和，而哲学则为这些主张进行辩护。"①

在罗蒂看来，把哲学当作全部知识主张的"基础"，并用这个"基础"去认可或揭穿、证明或反驳其他的知识主张，这就是统治人类思想几千年的"基础主义"。那么，消解这种"非神圣形象"的"基础主义"，罗蒂认为人类文化的合理形态应当是什么样子呢？

在《后哲学文化》这本书中，罗蒂提出，"'后哲学'指的是克服人们以为人生最重要的东西就是建立与某种非人类的东西（某种像上帝、或柏拉图的善的形式、或黑格尔的绝对精神、或实证主义的物理实在本身，或康德的道德律这样的东西）联系的信念。"② 这就是说，罗蒂所认可的"后哲学文化"，从根本上说，就是"克服"把人生的意义同超人的东西联系起来的信念，也就是消解"哲学"

---

① 罗蒂：《哲学和自然之镜》，三联书店 1987 年版，第 1 页。
② 罗蒂：《后哲学文化》，上海译文出版社 1992 年版，作者序第 11 页。

为人生提供"基础"的信念。

正是以"反基础主义"为出发点，罗蒂进一步描述了他的"后哲学文化"。他说："在这个文化中，无论是牧师，还是物理学家，或是诗人，还是政党都不会被认为比别人更'理性'、更'科学'、更'深刻'。没有哪个文化的特定部分可以挑出来，作为样板来说明（或特别不能作为样板来说明）文化的其他部分所期望的条件。认为在（例如）好的牧师或好的物理学家遵循的现行的学科内的标准以外，还有他们也同样遵循的其他的、跨学科、超文化和非历史的标准，那是完全没有意义的。在这样一个文化中，仍然有英雄崇拜，但这不是对因与不朽者接近而与其他人相区别的、作为神祇之子的英雄的崇拜。这只是对那些非常善于做各种不同的事情的、特别出众的男女的羡慕。这样的人不是那些知道一个（大写的）奥秘的人、已经达到了（大写的）真理的人，而不过是善于成为人的人。"① 在罗蒂的这番论述中我们可以看到，理性、科学、哲学乃至真理和英雄的"神圣性"，都被罗蒂彻底地"消解"了。

消解掉一切神圣性的"后哲学文化"，人将是怎样的存

① 罗蒂：《后哲学文化》，上海译文出版社 1992 年版，第 15 页。

在呢？罗蒂说："在一个后哲学文化中，人们感到自己是孤独的，有限的，与某种超越的东西失去了任何联系的。""除了我们自己放在那里的东西以外，在我们内部没有更深刻的东西；除了我们在建立一个规矩过程中建立的标准以外，没有任何别的标准；除了祈求这样的标准的合理性准则以外，没有任何其他准则；除了服从我们自己约定的证明以外，没有任何严格证明。"①

通过分析罗蒂的"反基础主义"及其所倡言的"后哲学文化"，也许我们可以对所谓的"后现代主义思潮"作出自己的评论。这就是：它的"消解非神圣形象"的意义是明显的，这就是它力图在当代西方发达工业社会中，在观念上挺立个人的独立性和文化的多样性；同样，它的"消解"的困境也是明显的，这就是它蔑视和侮辱了人类存在的崇高感，否定和拒斥了人类追求的根据、标准和尺度，从而陷入了相对主义和虚无主义的幽谷。

巴斯卡曾经警告人们，必须反对"两个极端：排斥理性、或只承认理性的地位"。在现代社会生活中，我们确实应当超越"两极对立"的思维方式，特别是防止思想从一个极端走向另一个极端。生活告诉我们：绝对主义与相对

① 罗蒂：《后哲学文化》，上海译文出版社 1992 年版，第 21 页。

主义、理性主义与非理性主义、盲目崇拜与信仰缺失，往往像是一枚铜钱的两面，从一面翻到另一面，又从另一面翻到这一面。真正的批判意识，不是随意的批判和徒然的否定，而是以"通晓思维的历史和成就"的理论思维去反思思想的前提，并为历史的进步构建新的基础。以这样的思维方式去看待所谓的"后现代主义"，也许我们就可以展开对它的前提批判。

创造的源泉：主体意识

人的根本就是人本身。

马克思

1. 主体的自我意识

现代人的求真意识、理论意识、创新意识和批判意识，表现了现代人的强烈的主体自我意识。一个没有或丧失了主体自我意识的人，怎么会有执着的求真意识、浓厚的理论兴趣、坚韧的创新意识和顽强的批判精神呢？

在世界文学史上，鲁迅笔下的阿 Q，是一个最具典型意义的文学形象。阿 Q 的典型意义，就在于他丧失了人之为人的主体自我意识。

阿 Q 喝了"两碗黄酒"之后，曾"手舞足蹈"地说"他和赵太爷原来是本家"，似乎无比地荣耀。而当赵太爷"满脸溅朱"地喝问："我怎么会有你这样的本家？你姓赵么？"阿 Q 却捂着挨了一记耳光的脸颊，"没有抗辩他确凿姓赵",唯唯诺诺地退出了赵府,因而"终于不知道阿Q究竟姓什么"。

阿Q因头上的癞疮疤而讳说"癞",以及一切近于"赖"的音,并采用"怒目主义"的方式去回击人们的嘲弄,却还是"被人揪住黄辫子,在壁上碰了四五个响头",阿Q则由于在心里想"我总算被儿子打了",于是便"心满意足地得胜地走了"。

阿Q要与吴妈"困觉",吴妈不从,事后又在赵府中大哭大闹,寻死觅活,阿Q却浑然无事地赶来瞧热闹,直到赵太爷"手里捏着一支大竹杠"朝他打来,才"猛然间悟到"自己"和这一场热闹似乎有点相关"。

阿Q"革命"不成,被稀里糊涂地判了死刑,却似乎既无生的渴望,也无死的恐惧,只是"使尽了平生的力"在死刑书上"画圆圈","生怕被人笑话,立志要画得圆",结果偏又"画成瓜子模样",而阿Q又以"孙子才画得很圆的圆圈呢"而感到"释然"了。

这就是鲁迅笔下的阿Q。

然而,这只是《阿Q正传》中的阿Q吗?

如果大家都狂热得失去了理性,却好像我们哪一个也没有丧失理性;如果大家都百无聊赖地混日子,却似乎我们个个都活得很滋润;如果大家都争先恐后地"下海"

"经商"，却仿佛"下海"的每个人都作出了"最佳选择"；如果大家都讳言"理想""道德""崇高"，却好像谁都"躲避"得轻松且自然……

这就是主体自我意识的失落。这就是造成主体自我意识失落的"集体无意识"。这种"集体无意识与人的现代教养是格格不入的。

人之为人，不仅在于人是认识和改造世界的主体，而且在于人具有"人是主体"的自我意识。马克思说，"凡是有某种关系存在的地方，这种关系都是为我而存在的；动物不对什么东西发生'关系'，而且根本没有'关系'；对于动物来说，它对他物的关系不是作为关系存在的。"① 人作为"我"而存在，并且具有"我"的自我意识，才会形成无限丰富的"关系"——人与自然的关系、人与社会的关系、人与历史的关系、人与文化的关系、人与他人的关系、人与自我的关系等等。正是在这种无限丰富的"关系"和"对象性活动"之中，人才成为"主体"。

主体的自我意识，是自觉到"我"是主体的意识，是确认和肯定"我"的主体地位的意识。它包括人的自立意识、自重意识、自信意识、自爱意识和自尊意识。正是这

---

① 《马克思恩格斯选集》第 1 卷，人民出版社 1995 年版，第 81 页。

种主体的自我意识，才使人获得了人的力量、人的品格、人的尊严和人的发展。

主体的自我意识，是自觉到自己的处境、焦虑、理想和选择的意识，是反思和超越现实的意识。人是现实的存在，但人又总是不满意和不满足于自己的现实，而要把现实变为更加理想的现实。主体的自我意识是意识的理想维度。希望、向往、憧憬和期待，激发出人的幻想、联想、想象和创造，使人挣脱迷茫、焦虑、怅惘和烦躁，以人的"对象性活动"去创造理想的现实。

主体的自我意识，是个体自觉到"我"的存在与价值的意识，是确认和肯定"我"的自主性、自为性和自律性的独立意识。"我"是自己的思想与行为的主体，"我"的思想与行为塑造自己的人生，"我"为自己的思想与行为承担责任，"我"要求和规范自己作为"大写的人"（高尔基语）而生活。

主体的自我意识，主要包括自我感受、自我观察、自我体验、自我分析、自我评价、自我塑造、自我超越和自我反省等活动形式。

自我感觉就是感觉到自我的存在。诗人海涅曾经饱含激情地写道："一个人的命运难道不像一代人的命运一样珍贵吗？要知道，每一个人都是一个与他同生共死的完整世界，每一座墓碑下都有一部这个世界的历史。"一个人，只有首先感觉到自我的存在，才会去探寻和追求自我存在的意义与价值。阿Q当然也有"一个与他同生共死的完整世界"，然而，那却是一个丧失了自我感觉的世界，没有感觉到自我存在的世界，失落了生活的意义与价值的世界。对于阿Q们的存在，鲁迅先生曾有两句名言："哀其不幸，怒其不争。"这"不幸"，是连自我感觉都不复存在的大不幸；这"不争"，是连获得自我感觉的主体意识都不复存在的大不争。近代以来的所谓"人的发现"，首先便是人的自我感觉的发现；现代人的教养，首先便是自我感觉的主体意识的增强。

自我感觉需要自我观察和自我体验。观察和体验自己的言语、思想和行为，观察和体验自己的喜悦、愤怒和悲哀，观察和体验自己的好恶、选择和追求，会使我们更强烈地感觉到自我的存在。人与动物的区别，不仅在于有生的追求，而且在于有死的自觉。面对自觉到的而又无可逃避的死亡，人会强烈地体验到自我存在的感觉。死者无法复生，便也不能谈死；生者并无死的体验，谈死无异于说梦。然而，活着的人又无不编织对死的想象。儿童想象的死亡，是黑夜里的幽灵，恐怖而又新奇，虚幻但也真实；青年想象的死亡，是晴空中的霹雳，毁灭了未来和期望，留下了愤怒和悔恨；老人想象的死亡，是大海里的暗礁，终结了沉重而又漫长的航行，留下了汹涌的波涛或浅淡的波痕。活得无聊的人会想到死，活得沉重的人会想到死，活得痛苦的人会想到死，活得滋润的人也会想到死。由无聊而想到死，死便是那无聊的生的延长，因而愈加麻木了对生的挚爱；由沉重而想到死，死便是那沉重的生的升华，因而愈加迸发了生的光彩；由痛苦而想到死，死便是那痛苦的生的慰藉，因而愈加冲淡了生的颜色；由滋润而想到死，死便是那滋润的生的终结，因而愈加强化了生的渴求。人生匆匆，有始有终；死为生之始，亦为生之终。自觉到死亡这个无可逃避的归宿，便是对人生之旅有限的自觉，因而也就成为对生的意义与价值的追问与追求，强化了自我存在的感觉与体验。培根说："复仇之心胜过死亡，爱恋之心蔑视死亡，荣誉之心希冀死亡，忧伤之心奔赴死亡，恐怖之心凝神于死亡。"体验自我对是非、荣辱、祸福、进退、成败、生死的感受，会强化自我存在的感觉。

自我分析、自我评价和自我反省，会使人发现真实的自我，并进而去塑造理想的自我。蒙田在他的《随笔集》中说："我这本书的内容就是我自己……但是我希望读者看到的是我平凡、普通和自然的样子，无拘无束，不装模作样，因为我勾画的不是某个别人，而是我自己。""我一面给别人画我的肖像，一面在我的想象中画我的肖像，而且用色比原先更准确。如果说我创造了这本书，那么也可以说这本书创造了我。"如果说蒙田力图展现自己的平凡性，卢梭在其《忏悔录》中则毫无掩饰地表现他的独特性。卢梭说："我要做的事前无古人，后无来者。我想让我的同胞看到一个人的整个真实本性，这个人就是我。我独一无二。我知己知人。我天生与众不同；我敢说我不像世界上的任何人。如果我不比别人好，那么我至少跟别人两样。大自然铸造了我，然后把模型打碎了，她这样做究竟是好是坏，只有读完我的忏悔录才能够判断。"而在《真话集》中，巴金则专门描述了他的自我解剖："解剖自己的习惯是我多次接受批斗的收获。了解了自己就容易了解别人。要求别人不应当比要求自己更严。听着打着红旗传下来的'一句顶一万句'的'最高指示'，谁能保持清醒的头脑？谁又能经得起考验？做一位事后诸葛亮已经迟了。但幸运的是我找回了失去多年的'独立思考'。有了它我不会再走过去走的老路，也不会再忍受那些年忍受过的一切。十年的噩梦醒了，它带走了说不尽、数不清的个人恩怨，它告诉我们过去的事绝不能再来。"[1] 无论是蒙田的朴实无华的自

---

① 巴金：《真话集》，人民文学出版社1994年版，第121页。

我展现，卢梭的毫无掩饰的自我表露，还是巴金的饱含血泪的自我解剖，都挺立着作者的强烈的主体自我意识，也向我们昭示着如何去寻求自我的感觉和确立自我的意识。

自我塑造和自我超越是自我感觉的升华和自我意识的实现。有的西方学者曾这样谈论现代化的问题：从传统社会到现代社会的转变过程，就是人的行为模式由指定性行为转变为选择性行为的过程，也就是人的行为模式由以世代相袭的行为规范为指导转变为以理性的思考为基础的过程。不管究竟应当怎样评价这种观点，但由于现代化进程中的科学技术的迅猛发展、生活方式的急剧转变、思想观念的不断更新，总是要求人们必须以强烈的主体意识去塑造自己和超越自己。在建立社会主义市场经济的过程中，每个人都会越来越强烈地感受到，必须树立个人的能力本位观念、自主自立观念、平等竞争观念、开拓进取观念，以代替权力本位观念、依附观念、特权观念、等级观念和保守观念。塑造自我，就是塑造适应现代社会的才智能力、价值观念、道德人格、思维方式和精神状态；超越自我、则是自我塑造的不断升华，使自我获得更加强烈的主体自我意识，并把自己塑造成为更加理想化的存在。

2. 自我的独立与依存

关于"我"，辩证法大师黑格尔有一段颇为精彩的论述。他说："因为每一个其他的人也仍然是一个我，当我自己称自己为'我'时，虽然我无疑地是指这个个别的我自己，但同时我也说出了一个完全普遍的东西。"①

黑格尔的论述提示我们："我"是个别与普遍的对立统一。从个别性看，"我"是作为独立的个体而存在，"我"就是我自己；从普遍性看，"我"又是作为人类的类分子而存在，"我"又是我们。作为个体性存在的"我"是"小我"，作为我们存在的"我"则是"大我"。"小我"与"大我"是"我"的两种存在方式。

由于"大我"具有明显的层次性，诸如家庭、集体、阶层、阶级、民族、国家和人类，因此又构成多层次的"小我"与"大我"的复杂关系。正是这种多层次的复杂关系，构成了人的无限丰富的社会性内涵。也许正因如此，马克思说："人的本质不是单个人所固有的抽象物，在其现实性上，它是一切社会关系的总和。"②

然而，由于"我"既是"小我"又是"大我"，却带

---

① 黑格尔：《小逻辑》，商务印书馆1980年版，第81页。
② 《马克思恩格斯选集》第1卷，人民出版社1995年版，第56页。

来了"小我"与"大我"的个体性与普遍性、独立性与依存性的矛盾,以及由此所引发的价值规范问题、社会制度问题、伦理道德问题、政治理想问题、社会进步问题、自我发展问题、人类未来问题等。而在现代社会中,由于个人的自主性与社会的模式化的同步增加,愈来愈尖锐地凸现了人的独立性与依存性的矛盾。

在两极对立的思维方式中,或者以"大我"去淹没"小我",把"小我"变成依附性的存在,从而扼杀了"小我"的独立性;或者以"小我"凌驾于"大我",把"大我"变成虚设性的存在,从而取消了"小我"的依存性。然而,没有以独立性为前提的依存性,只能是扼杀生机与创造的依附;没有以依存性为基础的独立性,只能是陷入混乱与无序的存在。因此,我们必须改变两极对立的思维方式,以辩证法的思维方式去看待现代社会生活中的人的独立性与依存性的矛盾,真实地挺立主体的自我意识。

在论述人类历史的时候,马克思说:"全部人类历史的第一个前提无疑是有生命的个人的存在。"① 没有作为个体生命的人的存在,当然不会有人类的历史。但是,个体生命的存在,并不是人的独立性。"自然界起初是作为一种完

---

① 《马克思恩格斯选集》第1卷,人民出版社1995年版,第67页。

全异己的、有无限威力的和不可制服的力量与人们对立的，人们同自然界的关系完全像动物同自然界的关系一样，人们就像牲畜一样慑服于自然界……"① 在这种历史过程中，主体不是任何单个的个人，而只能是由一定数量的个体所构成的"群体"。个体之间只具有相互的"依存性"而不具有个人的"独立性"。这是一种个体单纯地依赖于群体的"人的依附性"。

个体对群体的依赖，实质上是人对自然的依赖。在以自然经济为基础的封建社会中，由于生产力水平的低下，人们对自然（首先是土地）的依赖，仍然决定了个人对以血缘关系和地缘关系为纽带的群体的依赖和依附。个人的独立性和个人的主体意识，不具有现实的基础。

以工业生产、科技进步、商品交换、自由贸易为主要内容的市场经济，则摧毁了以等级从属关系为主要形式的人身依附关系，形成了马克思所说的"以物的依赖性为基础的人的独立性"，并不断地培植起个人的主体自我意识。"自我选择""自我表达""自我塑造""自我真实""自我实现"等，不仅是现代社会的时髦口号，也不仅是现代个体的普遍认同，而且也成为现代文明的基本标志。

---

① 《马克思恩格斯选集》第 1 卷，人民出版社 1995 年版，第 81 页。

由此观照人的现代化和人的现代教养，我们首先必须承认，培植人的独立性和确立人的主体自我意识，是我们的当务之急和长远大计。

中国传统对人的定义是"仁者，人也"。"二人"方为人，人必在诸如君臣、父子、夫妻、兄弟、姐妹、朋友、邻里乃至尊卑、上下、左右、前后的"对应关系"中才成其为人。个人的自我意识，就是"关系"的自我意识，"角色"的自我意识，"地位"的自我意识，"责任"的自我意识，而独独排斥"自我"的自我意识。所以梁漱溟先生说中国人是"依存者"。

这种依存性首先是表现为缺乏自主性。俗话所谓"在家靠父母，在外靠朋友"，这个"靠"字活脱脱地表达了自主性的匮乏与缺失。个人的升学、就业、婚恋似乎都不是由个人自主决定的事情，而必须"靠"别人的"参谋""指点""帮助"和"决定"。行为的主体变成了行为的客体。主体的自我意识变成了群体的依存意识。这不能不弱化主体的自我判断、自我选择和自我决策的能力，因而也不能不阻碍主体的主动性、积极性和创造性。

这种依存性又表现在缺乏自为性。个人行为的选择与成败，首先考虑的并不是个人的需要与情感，个人的现在与未来，而是群体的要求与期待，群体的现在与未来。个人失败了，便是辱没父母，愧对师长，"无颜以见江东父老"；个人成功了，则是光宗耀祖，衣锦还乡。于是乎，"一荣俱荣，一损俱损"，甚至"一人得道，鸡犬升天"。于是乎，攀龙附凤的裙带关系，拉帮结伙的帮派关系，"剪不断，理还乱"。指鹿为马者颐指气使，溜须拍马者平步青云，单枪匹马者无路可行。这就是人的"依附性"所造成的自为性的缺失。

这种依存性又表现为缺乏自律性。个人的成就与荣誉，个人的失败与耻辱，均依赖于他人的评价。成功的体验或成就感，只能是来自父母、师长、领导、权威的肯定和赞赏。个人的行为似乎是做给各种不同的监督者（奖励者和惩罚者）看的，而不是达到某种自我需要的满足或自我实现的境地。人们的行为成为他律的产物，而不是自律的结果。在人们的自我意识中，按照他人的意志办事既是最安全的，也是最有希望的，反之则是既危险又无希望的。这不仅造成了因循守旧，人云亦云，按长官意志办事，"唯上唯书"的普遍心理，以至于出现所谓"说你行你就行，不行也行；说不行就不行，行也不行"的民谣；而且造成行为主体的责任感、过失感、羞耻感和恐惧感的弱化，自我监督的缺失。既然是按他人意志办事，任何事情都是"集体决定"，出现问题当然也就由"他人"或"集体"负责。

这真像有人所说的那样：没有任何东西能像完全没有自己的意见那样有助于内心的平静。

其实，这种缺乏自主性、自为性和自律性的"从众主义"，并不是真正的"集体主义"，而恰恰是一种消极形态的"个人主义"。从众主义者和个人主义者，都是把"集体"看作某种外部的、异己的力量。二者的区别是在于，个人主义者是以某种公开的、显著的甚至是极端的形式去损害集体利益而获得个人利益，而从众主义者则是以某些隐蔽的、曲折的甚至是屈从的形式去获得个人的利益。正因如此，我们说失落主体自我意识地从众主义是消极的、冷漠的个人主义。

这种从众主义、媚俗主义，或者说消极、冷漠的个人主义，绝不是强化了集体意识、集体精神和集体力量，也绝不是强化了人与人之间的相互依存和相互合作，而恰恰是消极地破坏了集体意识、集体精神和集体力量，消极地瓦解了人与人之间的相互依存和相互合作，有句俗话叫作"一个和尚担水吃，两个和尚抬水吃，三个和尚没水吃"。这种劣根性，就在于个人缺乏自主、自为、自律的主体自我意识，就在于从众主义所具有的消极的、冷漠的个人主义的本质。就此而言，强化主体的自我意识，是强化主体的依存意识的前提。没有真正独立的主体，就没有真正的主体的依存。

在当代中国，强化主体的自我意识，实现主体的独立性与依存性的相互协调和同步发展，最根本的途径就是建立和健全社会主义市场经济。市场经济所实现的是"以物的依赖性为基础的人的独立性"。在市场经济中，人以物为基础而获得独立性，人的独立性又奠基于对物的依赖性。由此便造成了人的独立性与人的物化的双重效应。这就是市场经济的正、负两面效应。强调建立和健全社会主义市场经济，从根本上说，就是既充分发挥市场经济的正面效应，又有力地克服市场经济的负面效应。

首先，社会主义市场经济为确立个人的主体地位和强化个人的主体意识提供了经济前提。它把个人从对行政命令、长官意志、条块分割、人才垄断的"依附性"中解放出来，成为具有独立的主体地位的个人。

其次，社会主义市场经济否定了个人之间的等级特权关系，给每个人提供一个自由平等的竞争环境，从而使个人形成平等竞争的观念。同时，由于社会主义市场经济的平等竞争原则和效率效益原则，不断地强化了个人的能力本位意识，使每个人的能力得到越来越充分的发挥。

最后，社会主义市场经济不仅需要形成个人的独立性以及个人的主体自我意识，而且需要形成以个人独立性为基础的真实的、全面的人与人之间的相互依存。人的社会交往的扩大，人的选择机会的增多，人的合作领域的拓宽，人的权利义务的增强。要求人们以开放的思维方式、健全的社会性格、良好的道德品质和积极的精神状态去适应各种社会环境、对待各种社会关系、参与各种社会活动、取得各种社会认同。"小我"必须在多个层面的、多种性质的"大我"中，才能获得和实现自己的独立性。主体的独立性与依存性，在一个健康的社会主义市场经济中，能够不断地增强其相互协调与相互促进。

3. 效率的"核能源"

现代化的基本要求和基本标志之一，是每个人都能脱口而出的"高效率"。那么，这种高效率从何而来？它的最根本的"能源"是什么？

无论是经济建设、行政管理、军事外交的高效率，还是教育科研、体育卫生、公安司法的高效率，都离不开实践主体的高效率。主体的效率意识，是效率的"核能源""核动力"。

许多人都非常喜爱的《读者》杂志，曾刊载一篇题为《差别》的短文。文章说的是两位同龄的年轻人同时受雇于一家店铺，阿诺德的工资一长再长，布鲁诺的工资却原地踏步。对此，布鲁诺甚为不满，终于向老板说出了自己的抱怨。老板未做任何解释，却通过指派两个年轻人去做同一件事情，而使布鲁诺哑口无言。

老板先派布鲁诺到集市上去看看有卖什么的。布鲁诺从集市上回来对老板说，今早集市上只有一个农民拉了一车土豆在卖。老板问：有多少？布鲁诺闻言匆匆赶回集市去问土豆的数量。听过布鲁诺的汇报，老板又问：价格是多少？结果，布鲁诺又第三次跑到集市去问土豆的价钱。

于是老板对布鲁诺说，现在请你坐到椅子上一句话也不要说，看看别人怎么说。阿诺德从集市上回来后，不仅汇报了土豆的数量、质量和价格，而且带回样品让老板定夺，还让卖土豆的农民在外面等回话。

这就是"差别"，效率的差别。

在汉语里，人们常常使用"举一反三""触类旁通""一语中的""当机立断""事半功倍"等成语来形容人们在认识活动和实践活动中的反应敏捷、思路开阔、善于联想、判断准确、成效显著等。这里首先就是思维效率问题。

思维效率从思维结果与思维过程的关系中，去考察和评价思维主体的思维活动。如果对思维效率给出定义式的表述，那就是：思维主体在单位时间内正确地反映思维对象，作出相应的判断和推理，用以指导实践活动的综合的思维结果。从现代的信息论的角度去界说思维效率，则又可以把它表述为：思维主体在单位时间内接收、加工、输出和反馈某种信息，消除思维对象的某种不确定性的思维结果。

时间性、准确性、深刻性和有效性，是思维效率的基本特征，也是考察和评价思维效率的基本指标。在相当长的时期里，关于思维的研究，特别是对思维的认识论研究，总是仅仅着眼于思维能力，而不是思维结果；对于思维结果，总是着眼于其性质（正确与错误，真理与谬误），而不是其效率（时效性与有效性），这不仅造成了简单化的两极对立的思维方式（只问思维能力的高下和思维结果的对错），而且直接地阻碍思维效率的提高。

思维的有效性，是强调必须从结果上而不是从能力上去考察和评价思维效率，它突出地显示了思维效率的实践意义；思维的时效性，是强调必须从思维结果得以形成的时间和速度上去考察和评价思维活动，它突出地显示了思维主体的效率意识；思维的准确性和深刻性，在思维效率的意义上，考察和评价的是在思维结果与思维速度的相互关系中所表现出来的量的规定性，而不是对思维能力的评价。迅速、准确、深刻、有效，构成思维效率的评价依据。

从思维效率去考察思维活动，就对思维主体及其思维活动提出了具有显著的实践的要求：思维主体必须在无限复杂的信源所发出的无限丰富的信息中，迅速、准确地选择和接收尽可能多的与问题相关的信息，提高单位时间的信息接收量；思维主体必须迅速、有效地调动各种概念系统（背景知识）和各种认识成分（诸如归纳和演绎、分析和综合、抽象和概括、联想和想象、直觉和洞见等），提高单位时间的信息加工量，形成基本判断和解决问题的相应程序；思维主体必须坚决、果断地将解决问题的程序和方式付诸实践，并敏锐地、准确地对实践结果进行信息反馈，及时、有效地进行调控，以求达到最佳的实践效果。

从思维效率去要求思维主体，能够强化主体的效率意识，促使思维主体自觉地改善自己的思维结构和提高自己的思维能力：增大思维的跨度，掌握和运用各种概念系统和各种认识成分去接收、加工信息；开掘思维的深度，抽象和概括思维对象的多方面和多层次的规定性，对这些思维规定进行创造性重组，以形成新颖的观念客体和解决问题的有效程序；加快思维的节奏，以强烈的时效观念去对待思维活动，迅速有效地实现选择和接收、加工和处理、输出和反馈信息的周期转换；提高思维的弹性，辩证地、综合地、灵活地运用各种概念系统和各种认识成分去反映和重建思维客体，并保持思维过程中的必要的张力。

自 20 世纪中叶以计算机的发明为标志的第一次信息革命以来，信息业的发展日益迅猛，已成为当代经济发展的重要特征。21 世纪最有希望获得发展的，也以多媒体为代表的信息通信产业。以微电子技术、信息技术和现代通信技术相结合为特征的第二次信息革命，又是一次深远的产业革命。工业革命是用蒸汽机、后来是用电力机械代替畜力、体力劳动。而这一次信息革命，是用信息和计算机的智能并入整个社会的生产、管理、服务和生活系统，改组现有的全部社会产生构成，对社会经济、政治、文化等一切方面发生影响。①

在当代的"信息社会"中，主体的效率意识在主体的自我意识中占据越来越重要的地位，它构成了主体的生存意识、能力意识和竞争意识的基调和底色，也构成了主体的自主意识、自立意识和自为意识的催化剂。效率意识变革了主体的因循守旧的、形式主义的和教条主义的思维方式。

主体的思维效率是由其理论思维方式、文化心理结构、专业知识框架和个人意志品质等各种因素的交互作用而决

———————

① 参见张鸣：《信息高速公路将把我们带往何方》，1994 年 11 月 2 日《光明日报》。

定的。提高主体的思维效率，不仅需要强化主体的效率意识，而且必须在这些基本方面得到综合改善。

思维效率直接取决于主体的理论思维方式。在传统的两极对立的思维方式中，压抑了主体的自我意识，抑制了主体意识的积极性和创造性，致思取向具有显著的公式化、形式化、教条化和简单化的特点。在思维的过程中，往往把概念规定当作孤立理解的零星碎片，而不是在概念的相互理解中达到概念的自我理解。在当代各门科学相互渗透和转化，并形成立体交叉整体网络的背景下，思维主体要灵活地运用各种概念系统、认识成分和逻辑方法把握和操作思维客体，就必须建立辩证的思维方式。

主体的文化心理结构，是影响思维效率的经常的、稳定的、坚实的重要因素。文化心理结构是主体所获得的全部文化知识、全部生活阅历积淀，凝聚和升华的产物，集中地表现为主体的教养程度。这种"教养"包括广博的知识、开阔的视野、敏锐的感受力和深刻的洞察力等。它在具体的思维活动中是不露声色、潜移默化地发挥作用的，但却是经常地、稳定地起作用的。例如，时下颇为时髦的"公关学"，很重视外在的言谈、举止和交往的"手段"，却忽视了"公关"主体的内在的教养，因而难以在"潜意识"的层次上作出迅速、准确、有效的思维判断，即思维效率是不高的。由于文化心理结构是主体在长期的实践和认识过程中形成的，对它的改造也是最为困难的。因此，提高主体的效率意识和思维效率，一个最易被人忽视、却又至关重要的问题，就是使主体形成合乎现代社会要求的文化心理结构——现代教养。

在现代教养中，人文教养具有突出的重要地位。有的学者提出，人文是"化成天下"的学问，它包括启迪人的智慧，开发人的潜能，调动人的精神，激扬人的意志，规范人的行为，以及维护人的健康，控制社会稳定，乃至发展社会经济，协调人际关系等的学问。人文精神既是人化的成果，又是化人的武器。它教人合乎历史、合乎必然、合乎方圆、合乎德性。具有深厚的人文教养，才能具有超越操作智慧的决策智慧和管理智慧；跨世纪的一流人才，特别需要作为决策智慧和管理智慧的"大智慧。"[①]

同主体的理论思维方式和文化心理结构相比，主体的专业知识结构对思维效率的影响是显而易见的。

主体的思维过程，并不是以"白板"式的头脑去反映对象，而是以已有的知识、特别直接地是以具体的专业知识去把握对象。离开具体的专业知识，不仅无法加工和处

---

① 参见曾钊新等：《人文精神：高科技人才必识的大智慧》，《新华文摘》1995年第12期。

理特定的信息，甚至无法接收和选择特定的信息。例如，不懂医学的人看 X 光透视片，所能见到的只是黑白相间的底片，而医生却会发现是否有病理变化，迅速准确地做出思维判断。专业知识对思维效率的影响，具体地表现在思维主体能否运用相关的概念系统去把握客体，在何种广度和深度上把握住客体的规定性、能否在已有知识的基础上创造性地提出新的观念客体，又在何种程度上使这些新的观念客体具有客观现实性。可见，主体的专业知识结构对于提高思维效率具有最直接的现实意义。认识主体建立起专门的、合理的、系统的、不断更新的专业知识结构，可以使主体的思维效率在较短的时间内得到明显的提高。

现代人的效率意识，是同现代科学的迅速发展分不开的。哲学家卡西尔曾经这样盛赞科学："科学是人的智力发展中的最后一步，并且可以被看成是人类文化最高最独特的成就。""在我们现代世界中，再没有第二种力量可以与科学思想的力量相匹敌。""对于科学，我们可以用阿基米德的话来说：给我一个支点，我就能推动宇宙。在变动不居的宇宙中，科学思想确立了支撑点，确立了不可动摇的支柱。"[①] 就此而言，思维效率之所以是全部效率的"核能

---

① 恩斯特·卡西尔：《人论》，上海译文出版社 1985 年版，第 263 页。

源"，就在于主体的思维是以科学思想为支撑点的。不断地变革和更新主体的专业知识结构，就会为提高思维效率和全部效率提供"不可动摇的支柱"。

主体的理论思维方式、文化心理结构及专业知识结构的形成和发挥作用，都同主体的意志品质息息相关。远大的理想，坚定的信念，高尚的情趣，顽强的毅力，求实的学风，果断的作风，会促使主体在思维活动中具有明确的目的性、强烈的求知欲和高尚的成就感，充分地激活各种背景知识，激发创造性的想象力、获得最佳的思维效果和实践效果。

马克思说："激情、热情是人强烈追求自己的对象的本质力量。"① 自主、自立、自为、自律、自尊、自爱的主体自我意识，是效率的"核能源"和"核动力"，也是实现人生的价值与意义的"支撑点"。

① 《马克思恩格斯全集》第 42 卷，人民出版社 1979 年版，第 169 页。

从选择到行动

——编后语

一些长辈们说：当代青少年普遍缺少社会责任感，缺少爱心，缺少奉献精神。个别青少年具有很强的叛逆心理，以自我为中心，全然不顾及他人的感受。攀比心理比较严重，讲名牌、讲派头、讲cool，不讲学习；谈女友、谈比萨、谈网络，不谈家人……

真的是这样吗？

了解孩子们的人却说：当代青少年关心大事，关心祖国的命运和前途；立志为社会、为中华民族贡献力量。他们在学习和生活上，追求更多的独立和自主。他们希望得到长辈的尊重、信任和理解。他们接收信息多，思想容量大，勤于思考不盲从。他们重视知识，正在完成学业和实现人生价值当中……

哪一方说的对呢？

随着当代中国社会的进步，我们不仅物质生活丰富了，精神空间也随之扩大了。长辈们曾经奉若神明的某些金科玉律，在下一代人身上已经很少见到了。不同的时代，自然会产生不同的行为习惯和不同的价值观。人类的生活形态总是由现在向未来不断变化和发展着的，而青少年的价值观念，天生便具有求新求异、面向未来的鲜明特点，充满了青春的活力和美好的想象。事实上，青少年价值观也直接关系到国家未来的前途和命运、关系到社会主义事业是否后继有人、关系到整个社会的明天。在网络上能看到这样意味深长的"笑话"："世界是老子们的，也是儿子们的，但是总归是孙子们的。"不论人们如何评价当代青少年，他们终究是要担负起民族和国家的重任的，也终究是会站在长辈们的肩膀上，把我们的民族和国家大业发扬光大的。

对于这一点，没有什么人有资格去怀疑，也不应该有所怀疑。

青少年时代，是每一个人人生的春天。青少年时期的健康成长，将极大地影响其以后的人生。因此在这一时期确立正确的价值观，至关重要。那么，价值观是如何形成的呢？

首先是选择。价值观不可能经由强制或压迫而获得，它是一种心甘情愿作出的选择，自由选择使我们成为生活的积极参与者，而不是旁观者。

其次是珍视。在价值观的形成过程中蕴涵着情感，"选择"是自己所非常重视的。为了实现自己的选择，人们乐于付出很大的代价。所谓"砍头不要紧，只要主义真"就是如此，因为这种主义是先烈所珍视的。

再次是行动。只有在行动中才能实现或体验到我们的选择和所珍爱的事物，体会其价值。

价值观的形成过程，是青少年与人、与社会、与现有观念及各种事件交互作用的结果。价值观的形成，主要是靠青少年自己的学习，而不是靠长辈们包办。长辈们应该做一个价值观的倡导者、促进者和催化者，而不应该做"揠苗助长"者。长辈们要鼓励青少年按照自己的兴趣去无拘无束地探索世界，鼓励他们去发现并欣赏自己的独特性；鼓励青少年了解外部世界的同时，也要鼓励他们了解自己；给予青少年公开表达和讨论自己的价值观的机会；鼓励青少年依据自己的选择行动，并协助青少年在生活中一再地重复自己的正确行动。

当然大家也不应忽视，由于各种主客观原因导致了个别青少年身上出现了这样或那样的问题和不尽如人意的现象。但回想长辈们的经历，不也是在同样情况下走过来的吗？只是，长辈们急切地盼望着当代青少年尽快树立起正确的价值观，少一点儿曲折和弯路，多一点儿顺利和健康成长……

如此而已。